闸控河流水生态健康评估与和谐调控研究

陈 豪 著

中国农业出版社

北 京

内　容　简　介

在河流上修建闸坝是人类开发利用水资源的重要手段。闸坝工程在防洪排涝和灌溉供水等方面发挥着重要作用，但是随着经济社会的发展，闸坝工程对水环境和水生态的负面影响日益凸显。我国淮河流域建有众多的闸坝工程，闸坝调控与水污染治理和水生态保护与修复之间的矛盾十分突出，影响着河流的水生态健康发展。因此，研究闸坝对闸控河流水量、水质、水生态的影响机理及水生态健康程度评价，并提出适宜的闸坝调控措施，是实现淮河流域河流健康发展的关键，也是本书研究的重点，具有重要的理论及实际意义。

本书在总结国内外研究现状及存在问题的基础上，结合前期淮河流域水生态调查及取得的研究成果和淮河中上游水生态调查实验及其成果，分析淮河中上游水体理化指标及水生生物指标的时空变化规律；识别闸控河流水生态健康关键影响因子，构建评价指标体系，并对各监测断面的水生态健康程度进行评价；在此基础上，构建基于河流水生态健康的和谐调控体系及模型，评价不同调控情景下的河流水生态健康程度，提出和谐调控措施。

本书可供研究和关心河流水生态与水环境的各专业人士参考，也可供从事水资源、水环境、水利工程、地理、资源、环境及有关专业的科技工作者和管理人员参考。

序

　　水是生命之源，生产之要，生态之基，人类的生存和发展离不开对水资源的开发利用。远古人类逐水而居，对河流水资源的利用是人类最古老也是目前最主要的用水方式。黄河、长江孕育了灿烂辉煌、历久弥新的中华文明，"大禹治水"的精神也一直激励着万千中华儿女努力拼搏。自新中国成立以来，我国实施了大规模的水资源开发利用，水利工作成就斐然。闸坝工程作为河流水资源开发利用的重要方式，在防洪、灌溉、发电、供水、航运等方面发挥着巨大的效益，一直以来备受重视，尤其是在我们这个蓄水灌溉历史悠久的国家。然而，随着闸坝工程大规模的建设运行，河道泥沙淤积、水质恶化、生境破坏、洄游鱼类通道隔绝、生物多样性减少等生态环境问题日益突出，已成为制约经济社会健康发展和生态文明建设的重要方面。因此，亟需科学评估闸坝工程影响下的水环境问题和水生态效应，这对于河流水资源可持续开发利用和美丽河湖建设具有重要的意义。

　　有挑战方有动力，有问题才能突破。多年来，我指导的博士研究生陈豪一直针对闸坝河流水生态健康问题孜孜不倦地开展深入研究。2016 年博士毕业后在之前的博士成果基础上又有了更多可喜的探索和收获。最终撰写完成《闸控河流水生态健康评估与和谐调控研究》一书，其中蕴含着一位年轻水利工作者的踏实努力和求真上进，相信相关研究对河流水生态健康评估和管理具有一定借鉴意义。

　　该书作者以闸控河流水环境和水生态问题为研究方向，选取以闸坝众多、水环境和水生态问题突出为特征的淮河流域作为研究区，开展了系统的理论研究、实验监测、技术分析，取得了丰硕的成果。通过在淮河流域及其支流沙颍河开展的水生态调查实验，积累了珍贵的原始资料；通过理论研究，构建了闸控河流水生态系统健康评估方法，提出了基于关键影响因子的水生态健康评价指标体系；通过现场实验调查淮河中上游河流的水环境和水生态状况，形成了闸控河流水生态健康评估框架；通过闸控河流水生态健康和谐调控研究，提出了以改善河流水生态健康程度为目标的调控模型并进行了实践应用。希望这些成果能为读者进一步研究闸控河流水环境与水生态问题提供参考，也敬请广大读者对该书提出宝贵意见，以促进青年学者更快成长。

2019 年 12 月

前　言

　　水是人类不可或缺的一种宝贵资源，为满足社会发展需求，保障生命财产安全，人类与河流长期进行着"兴水利、除水害"的斗争，在河流上修建众多的闸坝和水库成为必需。一方面，闸坝工程对满足人民生产生活用水起到重要作用；但另一方面，过多的闸坝工程使得闸坝上游经常蓄积大量的工业废水和生活污水，当闸坝调度方式不当时，极易导致污染团集中下泄，造成河流突发污染事故，破坏河流水生态系统，影响河流水生态健康。近年来，随着淮河流域联合防污调度工作不断深入完善，人们对于河流突发性水污染事故发生机理和闸坝作用规律的认识逐步提高。如何通过合理的闸坝调控，既保证两岸经济社会发展，又减轻闸坝对河流水环境和水生态的负面影响，是当前淮河水污染治理的一项重要内容，解决这些问题对于改善闸坝存在的重污染河流的水环境和水生态问题具有重要意义。

　　本书主要包括以下几方面的内容：

　　（1）淮河中上游水生态调查实验及水质生态学评价。在对淮河流域1997—2014年水质监测数据分析和前期水生态调查成果总结的基础上，基于2012—2014年开展的淮河中上游水生态调查实验，分析水体理化指标和水生生物指标的时空变化规律，并开展水质评价。

　　（2）闸控河流水生态健康评价指标体系构建及关键影响因子识别。基于提出的河流水生态健康概念和内涵，识别出河流水生态健康的关键影响因子，并构建评价指标体系及确定各指标的指标值。

　　（3）闸控河流水生态健康评价。采用主客观组合赋权法确定各关键影响因子的权重；采用水生态健康综合指数对淮河中上游各监测断面的水生态健康程度进行评价，并在此基础上对其变化趋势和各指标对其影响程度进行分析。

(4) 闸控河流水生态健康和谐调控研究。构建河流水生态健康和谐调控体系及模型，在水量水质模拟的基础上，预测河流水生态指标的变化趋势，并对不同调控情景下河流水生态健康程度进行评价，提出和谐调控措施。

本书主要内容来源于作者的博士论文《闸控河流水生态健康关键影响因子识别与和谐调控研究》，每章内容都凝聚着作者的智慧和心血。同时，本书也是研究团队集体的结晶，部分内容已经在《闸控河流水文生态效应分析与调控》一书中出现，但为了本书的完整性仍进行了保留。另外，本书的实验和研究成果得到博士导师左其亭教授和张永勇副研究员的帮助和支持，同时，多位同门和团队成员参与了实验和研究工作，主要有李冬锋、梁士奎、赵衡、甘容、刘静、花瑞祥、周宇建、臧超、张志强、韩春辉、王园欣、刘欢、石永强等。在此，向支持和关心作者研究工作的所有单位和个人表示衷心的感谢，同时，感谢出版社同仁为本书出版付出的辛勤劳动。作者参阅了大量的参考文献，并尽可能在引文处标注相应的参考文献，但有些内容可能属于表述上雷同，不是直接引用，或者很难查到最早的出处，故很难全部准确标出参考文献，所以在此谨向这些文献的所有作者一并致谢。此外，本书出版得到国家自然基金项目"多闸坝重污染河流水量水质演变及其生态效应量化"（编号：41271005）、"闸控河段水质多相转化机理研究"（编号：U1304509）、"人水关系的和谐论调控理论方法研究"（编号：51279183）和"河南省高校科技创新团队支持计划"（编号：13IRTSTHN030；18IRTSTHN009）、河南省水环境模拟与治理重点实验室（2017016）和华北水利水电大学高层次人才科研项目（40499）等项目的支持。

本书的编写目标是总结和全面分析闸控河流水生态健康评估及闸坝调控等方面的相关研究进展和实践，但受条件所限，特别是作者水平有限，书中肯定存在疏漏和不足之处，敬请读者批评指正。

目　　录

1 绪 论

1.1 研究背景和意义

1.1.1 研究背景

河流是人类繁衍生息的场所，随着经济社会的发展，人类开始大规模在河流上修建闸坝工程。根据国际大坝委员会统计，截止到 2005 年年底，全球共有 15 m 以上大坝 50 000 多座，其中，中国有 22 000 多座，约占世界大坝总数的 44%，是世界上建坝数量最多的国家。目前，世界 60% 以上的河流均受到水利工程控制，预计到 2025 年将达到 70%，如美国和欧盟有 60%～65% 的河流受到闸坝控制，亚洲也有近一半的河流受到闸坝影响。为了维持社会稳定和促进经济发展，我国也修建了众多的闸坝。据中国第一次水利普查统计，全国过闸流量 1 m³/s 及以上的水闸共有 268 476 座，橡胶坝 2 685 座，特别是以闸坝众多著称的淮河流域，建有闸坝约 1.1 万余座。众多的闸坝工程在防洪、灌溉、发电、供水、航运等方面发挥着巨大的效益，在促进水资源开发利用和经济社会发展方面发挥着积极的作用。但是，水利工程具有利弊两方面，近年来其负面影响越来越受到人们的关注，水利工程建设及其带来的环境问题，已经成为工程顺利实施和生态系统保护所面临的重大挑战。如，阿斯旺大坝破坏了尼罗河流域的生态平衡；美国格兰峡谷大坝的修建导致鱼类种群的减少，甚至部分鱼类的消失；三峡及葛洲坝水利工程的修建阻断了长江中华鲟的产卵洄游通道，导致其数量的减少；淮河流域闸坝的过度建设和不合理调度导致突发性水污染事故频发等。

特别是我国的淮河流域，具有人口众多、闸坝众多、污染严重等特点，这就使得闸坝调控对河流水质、水生态等方面的影响更为明显。淮河流域地处我国东部，介于长江和黄河流域之间，处于我国南北气候过渡带，降水时空分布严重不均，水旱灾害较为频繁。多年平均水资源总量 799 亿 m³，占全国的 2.9%，水资源人均、亩均拥有量只是我国平均水平的 1/5，属于严重缺水地区之一。同时，流域降水多集中于汛期，年内汛期（6—9 月）降水量约占全年的 70%[1]，极易出现洪涝灾害。新中国成立以来，大量水利工程的修建减轻了淮河流域的水旱灾害。截止到 2013 年，全流域已建成水库 6 130 座，其中大型水库 39 座，中型水库 185 座；建有各类水闸 32 795 座，其中大型水闸 151 座。同时，流域内总人口 1.75 亿（2013 年），平均人口密度 656 人/km²[2]，是全国平均人口密度（143 人/km²）的 4.6 倍，居各大江大河流域人口密度之首，大量的生活污水和工业废水排入淮河及其支流，致使淮河成为我国水质污染最严重的河流之一。

众多水利工程在淮河流域防洪、供水和发电等方面起到了重要作用[3]。但是，过多的闸坝工程也给生态环境带来了很多负面影响，历史上影响较大的淮河水污染事件主要有 1994 年、2001 年、2002 年和 2004 年等，对沿淮工农业及城镇用水造成很大影响[4]，这些事件多是由于闸坝开闸泄洪致使坝前蓄积的污水下泄至下游河道造成的。环境保护部公布的《中国环境状况公报》（2004—2014 年）淮河流域国控断面水质数据中，分别给出 I～III 类、IV～V 类和劣 V 类水质断面所占的比例，具体情况如图 1-1 所示。从图 1-1 中可以看出，从 2004 年到 2014 年，水质总体上呈现好转的趋势，I～III 类水体所占的比例在逐步增大，可为流域内居民提供生活所需的饮用水[5]，这主要是由于国家在"九五"以后加大对淮河水污染综合治理的力度，有效控制了淮河流域水污染恶化的势头[6]，但其支流水污染仍比较严重。

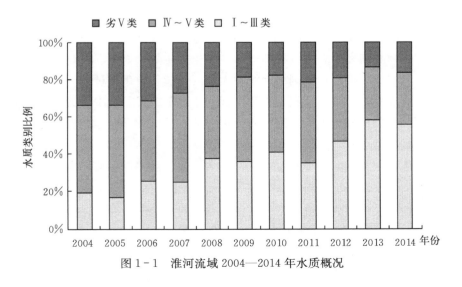

图 1-1　淮河流域 2004—2014 年水质概况

根据环境保护部公布的 2014 年《中国环境状况公报》中的数据,淮河支流水质较 2013 年有所下降,Ⅰ～Ⅲ类、Ⅳ～Ⅴ类和劣Ⅴ类水质断面比例分别为 33.3%、42.9% 和 23.8%,Ⅳ～劣Ⅴ类水质断面所占的比例达到 66.7%。特别是淮河的最大支流——沙颍河,其也是淮河污染最为严重的一条支流,废污水量和 COD 排放量均占淮河干流的 40% 以上,被称为淮河水质好坏的"晴雨表"[7]。同时,2014 年《中国环境状况公报》中数据也表明,沙颍河上游的水质较好,多为Ⅰ～Ⅲ类水,但其中下游则多为Ⅳ～Ⅴ类水,甚至是劣Ⅴ类水,已不能满足沿河两岸居民的生产和生活需求。同时,这些水质差的水体会对河流水生态产生一定的影响,会影响河道中水生生物的生长、繁殖,特别是淮河众多闸坝的拦蓄作用,会造成河流水体中污染物在闸前的富集,闸坝的不合理调控会威胁到淮河水生态健康。

淮河流域众多的闸坝工程在支撑沿岸地区经济社会发展的同时,也对河流水环境和水生态状况造成严重影响。如何通过合理的闸坝调控,既保证两岸经济社会发展,又减轻闸坝对河流水环境和水生态的负面影响,是当前淮河水污染治理的一项重要内容[8],也是河流水生态健康发展的重要方面。基于淮河流域水污染历史事件,结合国家对淮河流域水环境治理的需要,开展闸控河流水生态健康关键影响因子识别与和谐调控研究,评价水生态健康程度,提出科学的闸坝调控措施及对策,有助于闸控河流水生态状况改善,水环境治理,具有重要的科学意义和应用前景。

1.1.2 研究意义

河流生态系统具有调节气候、改善生态环境以及维护生物多样性等众多功能,需要采用一定的指标和方法来监测河流环境条件的各个方面,即可以多角度来评估河流的水生态健康状况,从而提供对整治以及管理有用的信息。河流水生态健康状况评价可以描述和反映任何时段内河流的水生态健康水平和整体状况,获取河流水生态健康状况的综合评价,但是目前国内河流水生态健康评价和管理主要侧重于借助化学手段以及少量生物监测评估河流水质状况,而河流水生态健康状况评价工作的开展,能够为河流管理者提供综合的背景资料,从而为我国河流生态系统的保护和河流综合管理起到很好的指导作用。

现阶段淮河流域环境保护和环境监测部门对淮河水体监测仍以水体理化指标为主,对河流浮游植物、浮游动物和底栖动物等水生生物的监测很少,特别缺乏这方面的实验数据,进而导致对河流污染情况的研究仍然停留在理化指标评价水质这个层面，不能够全面掌握淮河流域水质情况和水生态健康状况，已不能满足淮河流域综合治理和可持续发展的需求。因此，对淮河流域开展全面和准确的水生态健康评价显得尤为重要。

河流上修建的闸坝工程改变着水体污染物浓度及水生生物种类和密度的时空分布；同时，闸坝具有可调控性，通过改变闸坝的调控方式能够改变水体水环境和水生态状况。因此，本书选取闸坝众多的淮河流域最大支流沙颍河以及淮河部分干流作为研究对象，开展闸控河流水生态健康关键影响因子识别及和谐调控研究，可以丰富河流水生态健康评价及和谐调控理论及方法，也有利于掌握淮河流域部分河流的水环境和水生态状况，为淮河流域水生态保护和水污染治理提供基础支撑，具有重要的理论意义和实践意义。

1.2　国内外研究进展

（1）河流水生态系统健康的概念和内涵

国外对河流健康的研究起步较早，早期研究主要考虑生物的生态特性。目前，在生态学领域对健康状况概念和内涵的研究多集中在流域、湿地和河流生态系统健康等方面。国外对河流健康的理解分为两种观点，一类认为河流健康等同于河流生态系统健康，与水生态健康的概念较为一致或接近。1972 年美国颁布的"清洁水法令"认为，维持河流水生态系统自然结构和功能的物理、化学和生物的完整性状态是河流健康评价的重要原则[9]；Karr（1991）、Schofield（1995）和 Simpson 等（1999）认为河流健康是指生态完整性或接近河流受扰前的状态，主要强调其生态功能方面[10-12]。另一类认为河流健康要同时具有良好的河流生态系统和合理的社会服务功能。Meyer 等（1997）和 Fairweather（1999）认为河流生态系统的健康应包括生态系统结构、功能、标准和人类由该系统获得的社会价值[13,14]；Rogers（1999）认为河流健康管理目标的设定必须以社会期望为基础[15]；Vugteveen（2006）和 Costanza（2012）认为生态系统健康是维持系统活力、组织力和恢复力的一种状态或测量[16,17]。

国内河流在自然状况、经济社会影响等方面与国外河流有很大的不同，主要表现在总体上水资源紧缺、河流开发利用程度高、人类活动影响大和河流水污染严重等方面。目前，国内对河流健康的解释，都是以河流的生命健康为研究对象，但核心内容多涉及河流的自然状况和开发利用[18]。赵彦伟 等（2005）概括了河流健康概念的不同认识，并对河流健康评价的发展趋势提出建议[19]；

董哲仁（2005）认为河流健康是一种河流管理的评估工具，而不只是一个科学概念[20]；刘晓燕 等（2006）认为不同背景下的河流健康标准不同，是相对意义上的健康[21]；耿雷华 等（2006）、刘昌明 等（2008）、夏自强 等（2008）、吴阿娜 等（2008）、黄艺 等（2010）和冯彦 等（2012）均认为健康的河流应能够充分发挥其自然生态功能，又能够满足人类社会的可持续发展需求[22-27]；林俊良 等（2012）认为狭义的河流健康主要指河流水质的清洁程度；广义的河流健康指河流系统因子间及其与人类社会发展需求关系的协调耦合运作状态[28]；左其亭 等（2015）从河流水量、水质、水生态、河流连通性和河岸栖息地环境等方面提出河流水生态健康的概念，并认为河流水生态健康是实现河流社会服务功能的基础[29]。由此可见，国内对河流水生态健康概念及内涵方面的研究较少，多是将其作为影响河流健康的一个方面开展研究，且落脚点体现在河流的社会功能上，单独对河流水生态健康开展的研究较少。

　　（2）河流水生态系统健康影响因子及健康评价研究

　　目前，在河流水生态健康评价方面已经提出了众多的评价方法，但从其评价原理上，主要分为两类：单指标评价法和多指标综合评价法。指示物种法和预测模型法是单指标评价法中应用最多的两种方法。指示物种法主要依据河流生态系统的关键、特有或污染敏感物种的种类和数量来判断河流生态系统的健康状况[30]，如 Jessup（2004）将海獭作为单物种生态系统健康评价法的指示物种[31]；Rougier 等（2005）将浮游动物轮虫作为指示物种对河流水生态状况进行评价[32]。预测模型法是对比某地点实际的生物组成与无人干扰情况下该地点生长的物种，进而评价河流的水生态健康程度，如 RIVPACS 法[33]和 AUSRIVAS 法[34]，但这类方法主要是与参考点物种情况进行对比分析，并且只有对物种产生影响的变化才能够有效体现。第二类方法是多指标综合评价方法，该类方法是对比观测点和参考点的一系列生物特征指标，对各个指标进行打分，并将各指标得分进行累加，进而对健康情况进行评价[35]。目前，该类方法中最具代表性的方法就是生物完整性指数法（Index of biological integrity，IBI）[36]，该方法已经被广泛应用于藻类、无脊椎动物等研究中[37]。Norris 等（2000）提出河流健康评价指标选择的 6 点标准，并对比分析预测模型法与多指标方法的利弊[38]。除了 IBI 指数之外，RCE 清单（Riparian channel environmental inventory，RCE）[39]、溪流状况指数（Index of stream condition，ISC）[40]、欧盟《水框架指令》[41]等方法也是河流水生态健康评价中较为常用的方法。此外，其他学者也提出了一些评价方法，Fryirs（2003）在伊比利亚河流上利用多尺度植物参数法评价河流的生物完整性[42]；Tiner（2004）在美国 Nanticoke 河上利用遥感指数法评价流域自然生境总体状况[43]；Scardi 等（2008）基于神经网络将鱼类组成与环境因子进行关联分析，提出河流生态质量评价法[44]；Brierley 等（2010）基于河流地貌与生态水文和河流系统变化等关系提出生态水文评价法，并从流域、河段和水文单元等不同尺度对河流系统状况进行评价[45]。

国内对河流水生态健康影响因子分析及健康评价的研究起步较晚，最早开始于 20 世纪末。目前，多是从水量、水质或水生态等方面构建指标体系对河流水生态健康程度进行评价。1999 年，上海环境监测中心建立黄浦江健康评价的综合指标体系，包括水体理化指标、水生生物指标、水体营养盐含量和休闲娱乐功能等[46]；吴阿娜（2005）构建包括河流水文、河流蜿蜒度、河岸稳定性、河岸植被覆盖率、水体理化指标和水生生物指标的指标体系，并评价城市河流健康状况[47]；赵彦伟 等（2005）构建基于水量、水质、水生物、物理结构与河岸带的指标体系及评价模型[48]；张远 等（2006）建立基于水化学和水生物指标的评价指标体系，并评价深圳典型河流的生态健康情况[49]；赵长森 等（2008）利用生物学指数与水生物指示环境结合的方法评价水体污染程度、生态系统稳定性与河流或水库的健康程度[50]；蔡德所 等（2009）提出漓江流域水生态健康指标体系应由水文、生境、水化学和生物等方面的指标组成[51]；余波 等（2010）从水质和水生态方面构建巢湖水生态系统健康评价模型，并利用熵权法评价其水生态健康情况[52]；惠秀娟 等（2011）从水文、水质、着生藻类、栖息地状况等方面构建评价指标体系，并对其水生态系统健康程度进行评价[9]；廖静秋 等（2014）利用层次分析法构建以化学完整性和生物完整性为标准的水生态健康评估指标体系，并综合评价其健康状态[53]；胡金 等（2015）基于河流物理化学和生物指标，构建适合沙颍河流域水生态健康评价综合指标体系[54]。部分学者则利用生物完整性指数对河流水生态健康状况进行评价。王备新 等（2006）介绍生物完整性指数在水生态健康评价中的应用[55]；宋智刚 等（2010）采用鱼类生物完整性指数（F－IBI）对太子河流域的水生态健康状况进行评价[56]；廖静秋 等（2013）提出采用微生物完整性指数（M－IBI）评价水生态系统健康的可行性和必要性[57]。由此可见，国内学者已从不同影响方面对河流水生态健康程度评价开展了大量的研究工作，但是对于闸控河流水生态影响因子及健康评价方面的研究较少。

（3）闸坝调控研究进展

国际上开展闸坝调控的研究始于 20 世纪 20 年代。1926 年，苏联莫洛佐夫提出水电站水库调配调节的概念，并形成以水库调度图为指南的调度方法[58]，自此以后国际上许多专家学者对闸坝优化调控开展了大量研究。从 20 世纪 60 年代开始，人们逐步重视闸坝对河流水环境和水生态系统的影响研究，该方面的问题也成为国际水文生态领域的研究热点问题。20 世纪 70 年代至 80 年代，闸坝调控对生态环境影响方面的研究得到了快速的发展，并开始侧重研究闸坝对河流水生生物、水体纳污能力和生态系统多样性等方面的影响[59-63]。同时，随着闸坝对河流水质影响程度的增加和对河流生态环境影响研究的不断深入，一些发达国家认为应该拆除闸坝等水利工程，以便于恢复河流的天然形态，这更加深了人们对闸坝对河流生态环境负面影响的认识。人们普遍认识到闸坝在为社会创造巨大经济、社会效益（如抵御洪水、水力发电、供水灌溉等）的同时，也会导致水生生态系统的严重退化，如在加利福尼亚，大坝阻断了大马哈鱼和虹鳟大部分的重要产卵地，导致溯河产卵鱼类的减少[64]。对此，国外学者在避免闸坝负面影响方面开展了大量研究。进入 21 世纪后，通过闸坝调控和管理避免闸坝对河流水环境和水生态的负面影响，使其发挥更大的积极作用，成为国外学者研究的重点内容。Albanakis 等（2001）、Mallika 等（2009）、Marcé 等（2010）和 Domingues 等（2012）研究了闸坝对河流或水库水环境、河岸植物群落、水生生境等方面的影响[65-68]。

我国开展闸坝调控的研究和应用始于 20 世纪 60 年代，根据研究内容大致可以分为以下三个阶段。

① 单一闸坝的优化调控研究阶段（20 世纪 60 年代到 80 年代初）。20 世纪 60 年代，中国科学院等联合编译出版的《运筹学在水文水利计算中的应用》标志着我国开始闸坝优化调控方面的研究[69]；董子敖（1982）应用系统工程多目标决策和增量动态规划与分析相结合的方法，给出具有长期预报的水库供水期最优调度的一般规律[70]；谭维炎 等（1982）提出若干水电站在电力系统中联合运行的最优调度图[71]。该阶段研究成果主要侧重于单一闸坝在防洪、发电、供水和航运等方面的优化调控研究。

② 考虑河流生态环境的闸坝调控研究阶段（20 世纪 80 年代到 90 年代末）。进入 20 世纪 80 年代后，随着经济社会的发展，在河流上兴建了大量的水库或水闸，这些闸坝在除水害、兴水利方面发挥着巨大的作用，但是也对河流生态环境产生负面影响。1982 年，治淮委员会水源保护办公室研究蚌埠河

段内闸门启闭时间长短及河道径流变化对有机污染变化的影响[72]；方子云 等（1984）强调在进行水库调度时应采用经济效益和改善环境兼顾的调度方式[73]。这些研究的开展表明我国学者已经意识到闸坝对河流生态环境的负面影响，但是由于基础资料、技术条件等限制，该阶段只是初步开展一些实验和理论方面的探索。

进入 20 世纪 90 年代后，国内学者进一步对闸坝调控对河流水环境等方面的影响开展研究。方子云等（1994）将闸坝调度分为三类情况，即闸坝合理调度改善水质、引水改善水质、水体循环改善水质[74]；林巍（1995）通过考虑蓄水量变化和水质沿程变化，对闸坝河道水质模型进行改进，并将其应用到淮河流域[75]；窦贻俭 等（1996）分析曹娥江流域水利工程对生态环境的影响[76]；鲍全盛 等（1997）进行沙颍河闸坝调控与淮河干流水质的风险管理研究[77]；朱维斌 等（1998）分析扬州古运河瓜州闸不同运行方式对污染物在河道中稀释、扩散和运动的影响[78]。

③ 闸坝调控系统研究阶段（21 世纪初至今）。进入 21 世纪后，闸坝调控对河流生态影响的理论研究不断深入，学者们加强了闸坝等水利工程对河流健康影响方面的研究[79-81]。张永勇 等（2007）、夏军 等（2007，2008）和刘玉年 等（2009）研究淮河流域闸坝工程对水量、水质和水生态的影响，并开展评价方法及模拟模型研究[7,82-84]；左其亭 等（2010，2011）分析闸坝对重污染河流水质水量的作用规律，并评估闸坝对河流水质水量影响[85,86]；窦明 等（2013）以槐店闸为研究对象，识别闸控河段氨氮浓度变化的主要影响因子，并构建氨氮浓度变化率与主要影响因子的经验关系式[87]；陈豪 等（2014）研究槐店闸浅孔闸在不同调度方式下的水体、悬浮物及底泥污染物变化规律[88]；左其亭 等（2015）选取沙颍河槐店闸为研究对象，设计并开展 3 次现场实验，分析不同闸坝调控方式下河流水质参数的时空变化规律，探索闸坝调控对河流水质的作用机理[89]。此外，闸坝管理部门也开展闸坝调控改善河流生态环境的实践研究，如淮河水利委员会于 2002 年 12 月至 2003 年 6 月在沙颍河开展水闸防污调控实践[90]。但是，该阶段闸坝调控方面的研究仍多针对闸坝调控对河流水质水量方面的影响，对河流水生态的影响考虑较少。

总体来说，目前国内在闸坝调控对河流水环境、水生态的影响研究尚处于进一步深化阶段，缺乏闸坝调控对河流水生态健康影响方面的定量研究，需要结合国内闸控河流水环境治理和水生态保护需求，不断加强面向河流水生态健康的闸坝影响及调控机理等方面研究。

1.3 亟待解决的问题

河流上修建的众多水库和闸坝等水利工程，在满足人们生产和生活用水的同时，也影响着河流水量、水体污染物的时空分布。针对河流水生态健康及闸坝调控对河流生态环境影响等问题，国内外众多科技工作者积极开展了一系列研究，但在闸坝调控对河流水生态健康影响研究中仍存在许多亟待解决的问题。

（1）缺乏具体的水生态监测实验数据来定量表达闸坝调控对河流水质—水量—水生态的影响。目前，缺乏闸坝影响下的河流水生态调查野外实验，没有客观的数据来定量反映闸坝对河流水质水量水生态的影响。

（2）缺乏明确统一的河流水生态健康概念。目前，对河流健康概念方面的研究较多，但对河流水生态健康概念及内涵方面的研究较少，且没有形成一个明确的、统一的概念，有时部分研究中甚至会出现河流健康和水生态健康概念混淆的现象。

（3）缺乏客观、有效的水生态健康影响因子识别方法。国内外构建的河流水生态健康评价指标体系具有一定的借鉴作用，但每个流域都具有其独特的河流特征。目前，对闸控河流水生态健康影响因子识别和评价指标体系构建的研究较少，且因子识别方法中运用较多的是德尔菲法或理论分析法等主观方法，在一定程度上会降低结果的客观性。因此，需对水生态健康关键影响因子识别方法开展研究。

（4）缺乏科学合理的闸坝调控措施研究。国内外已对闸坝调控对河流水量和水质方面的影响开展大量的研究工作，但是对于闸坝调控如何对河流水生态健康产生影响？如何通过闸坝调控等措施实现河流水生态健康的良性发展？这些问题都需要开展相应的研究。

2 研究区概况

淮河作为我国重点治理的污染河流，其污染程度到底有多严重？污染物随时间如何变化？水生态状况如何？弄清楚这些问题，是进一步开展淮河水生态实验研究和水生态健康评价的基础。本书通过收集 1997—2014 年淮河流域水质监测数据，对淮河流域水环境状况的时间变化特征进行分析和研究；基于 2006 年和 2008 年开展的水生态调查实验成果，从水生生物状况调查和水生生物状况综合评价两个方面对淮河流域部分河流的水生态状况进行总结和分析；在此基础上，总结淮河流域主要的生态环境问题。

2.1 淮河流域概述

2.1.1 自然地理概况

淮河流域（东经 $111°55'\sim121°25'$，北纬 $30°55'\sim36°36'$）地处我国东部，位于长江和黄河流域之间，流域总面积约 27 万 km^2。淮河发源于河南省桐柏山太白顶北麓，西起桐柏山、伏牛山，东临黄海，南以大别山、江淮丘陵、通扬运河及如泰运河南堤与长江流域分界，北以黄河南堤和沂蒙山与黄河流域、山东半岛毗邻[91]，流经河南、江苏、安徽、山东和湖北 5 省 40 个市[92]，淮河流域概况如图 2-1 所示[93]。

2.1.2 地形地貌

淮河流域东临黄海，西、南及东北部被伏牛山、桐柏山、大别山和沂蒙山等环绕，中间为平原。流域地形总体呈现西北高、东南低的态势。淮河干流以北为广大冲积平原，地面自西北向东南倾斜。淮河流域地貌具有类型复杂、层次分明、平原地貌极为丰富的特点[91]。淮河流域上游山丘起伏，支流众多；中游地势平缓，多湖泊洼地；下游地势低洼，湖泊星罗棋布，水网交错，渠道纵横。

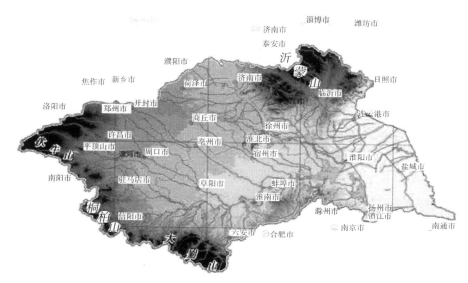

图 2-1　淮河流域概况示意图

2.1.3　气象水文

淮河流域地处我国南北气候过渡带，与秦岭构成我国南北的地理分界线。淮河以北属暖温带区，淮河以南属北亚热带区，年平均气温为 13.2～15.7 ℃。蒸发量南小北大，年平均水面蒸发 900～1 500 mm。多年平均降水量约 888 mm，大致呈现由南向北递减、山区多于平原、沿海大于内陆的分布状况。汛期（6—9 月）降水量占年降水量的 50%～80%[94]。淮河流域暴雨天气可能会受到台风影响，如 1975 年 8 月，由于超强台风"莲娜"引发的特大暴雨造成淮河上游大洪水，使河南省驻马店地区包括两座大型水库（石漫滩水库和板桥水库）在内的数十座水库漫顶垮坝，造成大量的人员伤亡和财产损失。

2.1.4　河流水系

整个淮河流域分为淮河和沂沭泗河两大水系，废黄河以南为淮河水系，以北为沂沭泗河水系。

淮河干流发源于河南省桐柏县，经河南、安徽至江苏省扬州市的三江营入长江，全长 1 000 km，平均比降为 0.2‰。从河源到洪河口为上游；从洪河口至洪泽湖出口为中游；洪泽湖以下为下游[92]。淮河拥有众多支流，其中沙颍河为淮河最大支流。

沂沭泗河水系发源于山东沂蒙山，有沂河、沭河和泗河组成。泗河流经南四湖，汇集各支流后流入新沂河；沂河和沭河自沂蒙山平行南下，在江苏省邳州市入骆马湖，再经新沂河入海。淮河及沂沭泗河部分河流特征如表2-1所示。

表2-1　淮河流域部分河流特征值情况

河流名称	流域面积（km²）	起点	终点	长度（km）
淮河	190 032	河南省桐柏县太白顶	三江营	1 000
洪汝河	12 380	河南省舞阳龙头山	淮河	455
史河	6 889	安徽省金寨县大别山	淮河	220
淠河	6 000	安徽省霍山县天堂寨	淮河	253
沙颍河	36 651	河南省登封市嵩山	淮河	640
涡河	15 905	河南省开封郭厂	淮河	423
沂河	11 820	山东省沂蒙山鲁山	新沂河	333
沭河	4 529	山东省沂水县沂山	大官庄	206
泗河	2 361	山东省新泰市太平顶	新沂河	159

注：部分内容来源于文献［91，92］。

淮河流域湖泊众多，水面面积约为1万km²，占流域总面积的3.7%，总蓄水能力280亿m³。淮河水系中，较大的湖泊有城西湖、城东湖、瓦埠湖、洪泽湖和高邮湖等；沂沭泗水系中较大的湖泊有南四湖和骆马湖。淮河流域主要湖泊特征情况，如表2-2所示。

表2-2　淮河流域主要湖泊特征值情况表

湖泊名称	行政区	正常蓄水位（m）	面积（km²）	蓄水量（亿m³）
城西湖	安徽省霍邱县	21.00	314	5.6
城东湖	安徽省霍邱县	20.00	140	2.8
瓦埠湖	安徽省寿县	18.00	156	2.2
洪泽湖	江苏省淮安、宿迁市	12.50	1 576	22.3
高邮湖	江苏省高邮市	5.70	661	8.82
南四湖上级湖	山东省济宁市	34.20	609	8
南四湖下级湖	山东省济宁市	32.50	671	8.39
骆马湖	江苏省新沂、宿迁市	23.00	375	9.01

注：部分内容来源于文献［91］。

2.1.5 水利工程

淮河是新中国成立后第一条有计划的、全面治理的大河。为了改变淮河昔日"大雨大灾，小雨小灾，无雨旱灾"的面貌[95]，淮河治理以"蓄泄兼筹"为指导方针，以兴建水利工程为手段，逐步形成集防洪、除涝、灌溉、供水为一体的流域治理体系。

（1）河道

新中国成立后，对淮河干支流普遍进行了整治，提高了防洪除涝标准。淮河干流中游正阳关至洪泽湖的排洪能力，已接近 10 000～13 000 m³/s（包括行洪区）。洪泽湖以下通过开挖苏北灌溉总渠和淮沭河，使其排洪能力提高到 13 000～16 000 m³/s，并实施入海水道工程。沂沭泗河水系开挖了新沭河和新沂河，排洪能力扩大到近 12 000 m³/s，且沂河洪水已能东调入海。在淮北和南四湖湖西平原，开挖了怀洪新河、茨淮新河等多条人工河和众多的排水沟渠。

（2）水库与水闸

自从 1949 年，淮河流域共修建大中小型水库 6 000 多座，其中大型水库 36 座，控制着整个流域面积的 1/3 以上[96]。此外，洪泽湖等湖泊已建成具有防洪、供水、灌溉和养殖等功能的水库。

同时，淮河流域有各类水闸 3 万多座，其主要作用是拦蓄河水、调节地表径流和补充地下水，并且在泄洪和排涝方面发挥着重要作用，也促进灌溉、供水和航运事业的发展。部分水闸特征值如表 2-3 所示。

表 2-3 淮河流域部分水闸特征值

闸坝名称	所在地	所在河流	闸孔数（个）	闸孔宽（m）	闸底高程（m）	设计流量（m³/s）	建成时间
化行闸	河南襄城	颍河	6	10	74.50	1 720	1975
马湾闸	河南舞阳	沙河	7	10	61.00	2 850	1959
周口闸	河南周口	颍河	10	6	42.36	1 480	1975
贾鲁河闸	河南周口	贾鲁河	8	6	40.10	600	1975
槐店闸	河南沈丘	颍河	18	6	35.00	1 519	1967
阜阳闸	安徽阜阳	颍河	12	12	25.00	3 500	1959
颍上闸	安徽颍上	颍河	24	5	19.00	4 200	1981
王家坝闸	安徽阜南	淮河干流	13	8	24.46	1 626	1953
临淮岗闸	安徽霍邱	淮河干流	12	8	14.90	5 013	2003
蚌埠闸	安徽蚌埠	淮河干流	28	10	12.00	8 650	1960

2.1.6 社会经济

淮河流域包括湖北、河南、安徽、山东、江苏 5 省 160 个县（市）。根据 2013 年人口普查数据，流域人口密度是全国平均人口密度的 4.6 倍，居各流域人口密度之首。

2014 年，淮河流域总用水量为 536.7 亿 m³，其中农田灌溉用水占总用水量的 63.8%、林牧渔畜用水占 7.5%、工业用水占 15.1%、城镇公共用水占 2.4%、居民生活用水占 9.9% 和生态环境用水占 1.3%[97]。从这些数据中可以看出，淮河流域的水资源主要用于农业灌溉和工业生产，生态环境用水占的比例最小。同时，流域内工业的快速发展会造成排污总量及入河污染量的增加，进而影响河流的水环境和水生态状况。

2.2　淮河流域水环境和水生态状况

随着淮河流域内工农业的快速发展和污水处理能力的缓慢增长，大量生活污水和工业废水排入河道，使河流水环境状况急剧恶化，给工农业生产和居民生活造成严重影响。2000 年以后，国家对淮河流域污染治理投入大量的人力、物力和财力，其水质状况得到明显改善，但仍存在水资源短缺、水污染严重、生态环境恶化等问题。据 2014 年《淮河片水资源公报》的相关数据资料可知，全年期评价河长 19 968 km，水质较好的Ⅰ类水质河长 0 km；水质良好的Ⅱ类水质河长 2 886 km，占 14.5%；水质尚可的Ⅲ类水质河长 6 429 km，占 32.2%；水质已受到不同程度污染的Ⅳ类、Ⅴ类和劣Ⅴ类水质河长共 10 652 km，占 53.3%。由此可见，淮河流域还存在较为严重的水环境和水生态问题。

2.2.1 水环境状况

根据 1997—2014 年《淮河片水资源公报》的水质监测数据，按照全年期对淮河流域河流水质情况进行评价，分析河流水体水质情况随时间的变化趋势，具体结果如图 2-2 所示；根据淮河流域参与评价的水库数量，分析全年期内水库水体水质和 4—9 月营养化程度随时间的变化情况，具体结果如图 2-3 和图 2-4 所示。从图 2-2 至图 2-4 中可以看出，总体上淮河流域水库水质情况较河流水质情况好，Ⅲ类水以上的水质占 60% 以上，而河流水质的情况刚好相反，其Ⅳ类及以下的水质占 60% 以上（2014 年除外），但其水质情况有逐年好转的趋势；自 2005 年以来，淮河流域水库水体普遍呈现一定的营养化水平，特别是 2010 年甚至出现重度富营养化的水库，但中营养型水库所占的比例有增长的趋势。由此可见，淮河流域的水污染和水体营养化情况还比较严重。

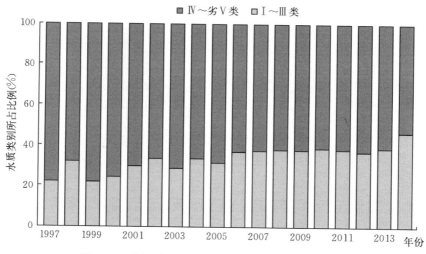

图 2-2　淮河流域河流水质类别随时间的变化情况

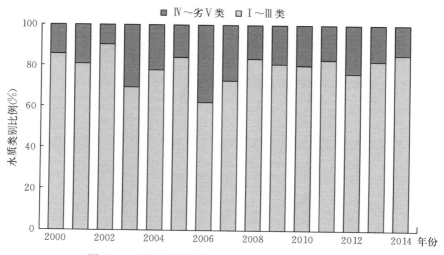

图 2-3　淮河流域水库水质类别随时间的变化情况

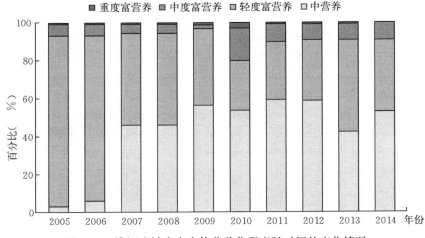

图 2-4　淮河流域水库水体营养化程度随时间的变化情况

　　根据 2002—2014 年《淮河片水资源公报》中淮河流域总排污量、入河排污量和地表水年径流量的相关数据资料，分析三者随着时间的变化情况，如图2-5 所示；同时，利用入河排污量和径流量计算出河流水体中污染物的总浓度值，并分析其随时间的变化情况，如图 2-6 所示。从这两幅图可以看出，淮河流域排污总量总体上呈现增加的趋势；2008 年以来，淮河流域入河排污量也呈现缓慢增加的趋势，但年径流量总体上呈现逐年减少的趋势，这就造成

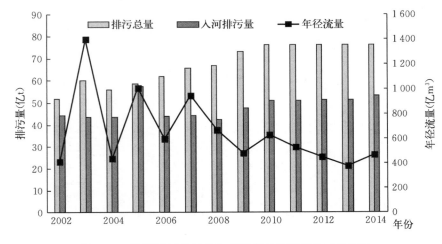

图 2-5　淮河流域排污量和年径流量随时间的变化情况

近几年水体中污染物总浓度值呈现逐年增加的趋势。虽然国家对河流水体污染治理的重视程度在逐渐增加，但治理污染涉及多方面的利益，是一个长期的过程。

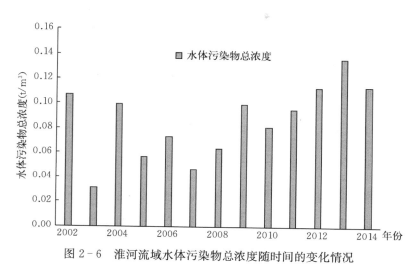

图 2-6 淮河流域水体污染物总浓度随时间的变化情况

2.2.2 水生态状况

我国在水生态基础资料监测与收集方面起步较晚，数据资料也较为欠缺，特别是淮河流域相关研究更少。但是，仍有部分单位开展了水生态调查方面的研究，如淮河流域水资源保护局、中国科学院地理科学与资源研究所和南京大学等单位[98]，在水生态资料积累与水生态状况分析方面取得了一定的进展。本书在这些研究成果的基础上，从水生生物状况调查和水生生物状况综合评价两个方面对淮河流域部分河流的水生态状况进行分析与总结。

（1）水生生物状况调查

① 2006 年水生态调查研究。2006 年，中国科学院地理科学与资源研究所等单位共同对淮河流域重点评估闸坝的水生态情况进行调查，共调查 22 个闸坝和 29 个采样断面，闸坝分布情况如图 2-7 所示。实验中对浮游植物、浮游动物、底栖动物、鱼类和维管束植物进行了采集和研究[50]，取得了一系列的研究成果。

② 2008 年水生态调查研究。2008 年中国科学院地理科学与资源研究所等单位在淮河流域选取了 71 个水生态采样监测点，开展全流域主要河湖的水生

图2-7 淮河流域水生态调查闸坝分布情况示意图[50]

态调查和研究工作，监测站点分布情况如图2-8所示。实验中监测了浮游植物、浮游动物、底栖动物和鱼类的种类和密度等指标。

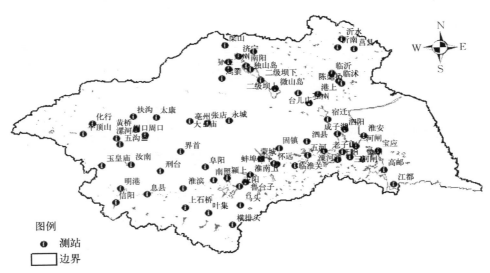

图2-8 2008年淮河流域水生态采样监测点分布情况

注：图形来源于《淮河流域重点水生物调查监测与评价》。

③水生态调查结果对比分析。根据2006年和2008年两次水生态调查实

验的研究成果，分别从浮游植物、浮游动物和底栖动物三个方面分析其密度在时间和空间维度上的变化情况。

a. 时间维度变化情况。从 2006 年和 2008 年水生态调查实验的过程（图 2-7 和图 2-8）可以看出，2008 年水生态调查的范围更广，几乎涵盖了整个淮河流域，而 2006 年的水生态调查实验则主要侧重于各重点闸坝的水生态情况。2006 年淮河流域各调查站点的浮游植物和浮游动物的平均密度分别为 50.818 万个/L 和 439.554 万个/L；2008 年水生态各调查站点的浮游植物和浮游动物的平均密度分别为 223.379 万个/L 和 399.876 万个/L。从两组数据中可以看出，2008 年浮游植物的数量较 2006 年有了大幅度的提高。同时，浮游植物的密度值能够指示水体的营养化程度，如果水体浮游植物的密度值达到 10^6 以上，则认为水体呈现富营养化状况[99]，由此可见，从 2006 年到 2008年，淮河流域的营养化程度有加重的趋势；而浮游动物密度则有小幅度的减少，变化不太明显。2006 年在底栖动物取样时，采用的是定量取样，其平均数量为 270 个/m²；2008 年采用的是定性取样，其平均数量是 7 个。若仅仅从数据上面看，两者有较大的差别，这主要是由于取样方法不同造成的。定量取样主要是利用彼得逊采泥器或人工基质篮式采样器获取水体底部底栖动物种类组成和现存量，是以每平方米为单位进行统计和计算的；定性取样则是利用三角拖网或 D 型网在水体岸边拖拉一段距离，再经过分样筛将样品挑出与固定，这种方法可以收集到更多有代表性的种类或某些种类的更多个体[100]，该方法可以单独进行取样和检测底栖动物种类和数量，也可以作为定量取样的辅助和补充。

b. 空间维度分布情况。2006 年水生态调查实验中，浮游植物的密度出现 6 个峰值，分别为佛子岭水库、涡河付桥闸、涡河惠济河东孙营闸、沭河太平庄闸、北关橡胶闸和宿鸭湖水库，其中密度最大的是涡河付桥闸监测站点，达到 408.765 万个/L；密度最小的监测点为溧河六安断面，其值仅为 0.494 万个/L。2008 年水生态调查实验中，浮游植物密度出现 8 个峰值，分别为沱河永城、沙颍河颍上、涡河太康、新汴河泗县、浉河信阳、洪泽湖成子湖、南四湖独山岛和东鱼河鸡黍，其中洪泽湖成子湖的密度值最高[98]。

2006 年，浮游动物密度出现 6 个峰值分别为佛子岭水库、颍上闸、涡河付桥闸、沭河太平庄闸、北关橡胶闸和蒙城闸，其中密度最大的监测站点为佛子岭水库，达到 5 854.46 万个/L；密度最小的监测站点为沭河青峰岭水库，仅有 1.96 万个/L。2008 年，浮游动物的密度出现 5 个峰值，主要位于沙颍河阜阳到新汴河泗县和调水线的运河邳州到洪泽湖二河闸之间,其中涡河亳州的密度最大[98]。

2006年,各监测站点中底栖动物数量较多的监测站点分别是槐店闸、沭河太平庄闸、班台闸和蒙城闸,其中蒙城闸的数量最多,为1 251个/m²;数量最少的监测站点为东淝河茶庵附近断面(40个/m²)。2008年,调查水域中底栖动物数量最多的是运河宿迁,为10个;数量最少的监测站点分别为淮河淮滨、淮河南照、淮河淮南上、涡河横排头、涡河马头、东鱼河鸡黍、洙赵新河梁山闸、泗河兖州、沭河临沭、洪泽湖三河闸和洪泽湖老子山,其数量均为1个[98]。

(2)水生生物状况综合评价

① 评价方法介绍。根据淮河流域水生态前期监测结果,在对其水生生物状况评价时,选择通用性较好的生态指数进行评价,即选择适合于浮游植物、浮游动物和底栖动物3类水生生物的生态学指标。对此,选择Shannon - Wiener多样性指数[101]、Margalef物种丰富度指数[102]和Pielous种类均匀度指数[103]对水生生物状况进行评价。其中,Shannon - Wiener多样性指数是利用生物群落和个体数量的数值来评价环境质量,值越大表明水质情况越好;Margalef指数是反映物种丰富度较好的一个指数,值越大表示水质越好;Pielou均匀度指数反映的是水体中各类生物是否均匀,值越大水质情况越好。一般来讲,清洁水体中水生生物往往表现为种类多、数量少、分布均匀、没有绝对优势种存在的特点,而在污染严重的水体中,则会出现生物多样性降低、耐污性强的种类数量增多、形成绝对优势种和其他耐污性弱的种类很少或没有等现象,但有时也会有反常案例出现[104]。对此,一般需要选择几种评价方法进行综合评价,以期得到较为符合实际情况的结果。

② 水生态状况分析。

a. 2006年水生态状况。根据2006年水生态调查实验及其检测结果,利用选取的水生态指数评价方法,对各监测站点的Shannon - Wiener多样性指数(H指数)、Margalef物种丰富度指数(D指数)和Pielous种类均匀度指数(J指数)的空间分布情况进行总结,具体情况如图2-9所示。从图中可以看出,水生生物多样性较好的监测站点为宿鸭湖水库和周口闸(闸上),多样性指数最差的监测站点为贾鲁河闸(闸上);Margalef多样性指数较好的监测站点为蚌埠闸和青峰岭水库,最差的监测站点为贾鲁河闸断面;各监测站点中水生生物均匀度指数最高的是沭河大官庄(闸下)监测站点,分布较不均匀的监测站点是沭河王庄闸。

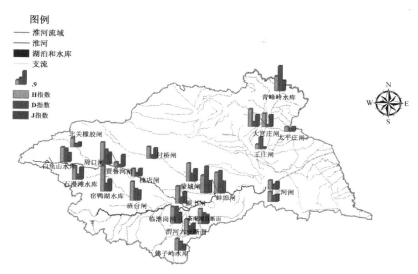

图 2-9 2006 年淮河流域典型闸坝断面水生生物指数分布情况示意图

注：图中数据来源于《淮河流域闸坝对河流生态与环境影响评估》。

依据 2006 年水生态调查实验检测结果和水生生物指数计算结果，对淮河流域典型闸坝断面进行生态评价，其评价结果如图 2-10 所示，图中利用圆点的大小来表示水体受人类活动的影响程度、污染程度、水生态系统遭受破坏的程度等。

从图 2-10 中可以看出，沙颍河中游的槐店闸、涡河中游的东孙营闸和付家闸（付桥闸）以及沭河的王庄闸和太平庄闸水生态状况较差。这些地方污染比较严重、水生态情况比较差，是与城市、工业和农业发展密切相关的，主要是点源污染和面源污染导致河流遭受严重污染，生态系统遭到破坏，水生生物中只有耐污性强的或者厌氧性的物种才能生存；流域内河流上游水库或闸坝的水环境和水生态状况一般较好，主要是它们仅仅受到一定的面源污染，受到人类活动影响小，污染程度相对较轻；淮河干流南岸支流受人类活动影响小，其水生态状况较好，而淮河干流北岸支流位于人口和工农业密集区，人类活动影响非常剧烈，水生态环境质量较差。

b. 2008 年水生态状况。根据 2008 年水生态调查实验中浮游植物、浮游动物和底栖动物检测及评价结果可知，在 71 个监测站点中，汝河汝南监测站

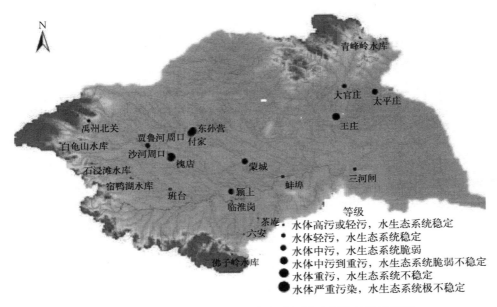

图 2-10　2006 年淮河流域典型闸坝断面生态评价结果示意图

注：图形来源于《淮河流域闸坝对河流生态与环境影响评估》。

点的生物多样性最好；涡河马头监测站点的丰度最高；运河台儿庄监测站点的物种均匀度指数最大，而三种指数最差的均出现在南四湖独山岛监测站点[98]。

水生态环境质量评价结果显示，淮河流域内淮河盱眙、涡河马头、涡河正阳关、沭河临沭、新沭河陈塘桥和运河淮安监测站点的水生态状态较好；状况最差的监测站点或河道为周口附近的沙颖河中游河道、南四湖地区和江苏省洪泽湖及运河段，其形成的原因主要是这些区域的工业比较发达，人口密度大，且比较集中，大量的工业、生活点源及农业面源污染物直接或未达标排入河道，远远超过水体的水环境容量，导致河流水环境恶化，水生态环境遭到破坏；淮河干流由于水量较大，对水体中污染物具有一定的稀释作用，相比而言，其污染程度较轻，水生态状况较好。

从两次水生态调查实验分析结果可以看出，沙颖河上游的水环境和水生态状态较好，中下游的水环境和水生态状态最差，入淮后的水环境和水生态状况有所好转。

2.3 主要生态环境问题

淮河流域具有水资源时空分布不均、人口密度大、水资源与区域经济布局不协调等特点，造成水资源开发利用过度、水环境污染严重、水生态遭受破坏、水生生物资源减少等一系列生态环境问题。通过综合分析淮河流域的水环境和水生态状况，总结出其面临的主要生态环境问题。

（1）水资源时空分布不均，生态问题严重

淮河流域处于我国南北气候的过渡带，具有水资源年际变化剧烈、年内分配不均、分布与区域经济社会发展不协调等特征。据淮河水利网公布的相关数据可知，每年 70% 左右的径流量集中在汛期（6—9 月），最大年径流量是最小年径流量的 6 倍。由此可见，淮河流域年内径流分配极不均匀，年际间径流变化剧烈。同时，水土资源不匹配，山丘区水资源量相对丰富，而用水需求相对较小；平原地区人均和亩均水资源量小，调蓄条件差，用水需求大，这就造成水资源分布与流域人口和产业布局不协调。淮河流域水资源的这些特点加剧流域内水资源短缺的形势、开发利用的难度，还极易引起洪涝、干旱和水土流失等危及水生态安全的问题。

洪涝和干旱是淮河流域常见的生态环境问题。一方面，洪涝灾害加剧城市和农田表面的冲刷，造成部分区域水土流失严重，面源污染和泥沙入河量增加；同时，强降雨也会增加城市或农村点源污染物入河量，造成河流水环境和水生态的破坏。虽然河道中的闸坝具有拦蓄洪水、阻碍污染物向下游扩散的作用，但是洪水出现时，闸坝大流量泄水极易造成闸坝上游污染团的集中下泄，对闸坝下游的水环境和水生态系统造成毁灭性的破坏。另一方面，干旱缺水会严重影响当地工业、农业和生活用水，势必进一步占用生态用水量；同时，河流径流量亦会急剧减少，导致河流水体纳污能力的下降，对生态环境造成巨大的影响和破坏。

（2）水资源开发利用过度，生态环境用水比率低

据 2014 年《淮河片水资源公报》统计，2014 年淮河流域地表水资源开发利用率为 62.1%，而国际上一般认为地表水合理开发利用程度是 30%，极限开发利用程度是 40%[105]，由此可见淮河流域的水资源开发利用程度远高于国际上河流的开发利用水平。过度开发利用地表水资源在一定程度上会进一步挤占河流生态环境用水量。据统计，2014 年淮河流域生态环境用水为 6.8 亿 m^3，

仅占总用水量（536.7亿 m³）的1.3％。总之，水资源过度开发利用会造成水资源减少甚至枯竭，直接影响工业生产和居民生活；也会造成局部气候变化，形成干旱、动植物死亡、风沙等自然灾害。

此外，水资源过度开发利用也会加重地下水的超采程度，形成地下水降落漏斗，造成地面沉降等生态环境问题。2014年，由于淮河流域的降水量较常年（多年平均）有所减少，为了满足工业、农业和生活等方面的用水，加大对地下水的开采，造成大部分地区浅层地下水位总体下降。据2014年《淮河片水资源公报》统计，淮河流域下降区面积20 005 km²，平均降幅1.4 m；淮河流域有地下水漏斗10处，总面积11 877 km²，较2013年增加1957 km²。这些地质灾害问题，严重影响着自然水循环的补给过程，极易造成河道断流；雨季时，河流水体补给地下水，缩短河流丰水期的时间，增加河道断流概率。总之，超量开采地下水，可使地质环境产生严重恶化，影响工农业生产和经济建设，破坏自然生态景观，给人类造成重大的损失。

（3）河流水污染严重，水生态受损

淮河流域内污染物入河量远远超出水体纳污能力，虽然经过"九五"、"十五"和"十一五"水污染综合治理，水环境情况有逐年好转的趋势，但水污染的形势仍不容乐观（见2.2.1 水环境状况分析）。据《中国环境状况公报》统计，2014年淮河流域Ⅰ～Ⅲ类、Ⅳ～Ⅴ类和劣Ⅴ类水质断面比例分别为56.4％、28.7％和14.9％，Ⅳ～劣Ⅴ类水质断面所占的比例达到43.6％，可见，淮河流域仍然存在较为严重的水污染问题；同时，2002—2014年淮河流域总排污量、入河排污量总体上均呈现上升趋势，而年径流量则呈现减小的趋势，进一步加重淮河流域水体的污染程度，进而影响河流水生态健康。

为了形成一个比较完整的集防洪、除涝、灌溉和供水为一体的综合性水利工程体系，五十多年来淮河流域已修建大量的水利工程。目前，全流域共修建大中小型水库6 000多座、各类水闸3万多座和其他水利工程。这些水利工程在发挥兴利除害作用的同时，也改变着河流水体中污染物的时空分布，闸坝的拦蓄作用使水体污染物在闸坝前富集，但是，伴随着突发降雨或洪水事件的发生，在闸坝泄流时极易发生突发性水污染事件。据统计，自1975年第一次突发性水污染事件发生以后，已发生多起类似事件，特别是20世纪90年代以后，这类事件发生得更加频繁，如1994年、1999年、2001年、2004年和2007年。以1994年淮河突发性水污染事件为例，由于淮河上游突降暴雨而采取了开闸泄洪的方式，闸坝上游2亿 m³的水泄于下游河道，水流经过之处，河面上充满大量泡沫，导致鱼虾大量死亡，河流两岸部分居民饮用这些河水后出现了恶心、腹泻和呕吐等症状[89]。出现该事件的原因是上游来水水质较差、污染团集中下泄造成的，这些事件的发生会导致部分河段降低或丧失使用价值，甚至影响其周边水生态系统正常服务功能的发挥。

（4）人类活动剧烈，生态环境破坏严重

淮河流域人口密度居全国各流域人口密度之首，这会进一步加剧淮河流域水资源短缺和人水矛盾，并引起河流或湖泊水生生境破坏、生物物种减少和渔业资源枯竭等问题，严重制约着淮河流域经济社会与生态环境的和谐发展。

人类为了满足自身的发展，对河流和湖泊的干扰程度在逐渐加大，如围湖造田、水产养殖等，这些活动不仅造成湖面的萎缩、湿地的减少，还会造成水体中水生生物多样性的降低和水体营养化程度的增加，使得湖泊和河流水生态系统遭到破坏。同时，淮河流域众多的水利工程对河流和湖泊水生态环境的负面影响是巨大的，不仅易形成污染团集中下泄，严重破坏闸坝下游河道和湖泊的水生态系统；同时也会阻碍河流的连通性，影响着水生生物的迁移和鱼类的繁殖，造成生物多样性降低和渔业资源减少。

总之，淮河流域的生态环境问题主要受到两方面因素的影响：一方面受到其自身条件的影响（水资源短缺、时空分布不均等）；另一方面又受到人类活动的剧烈影响（如，高人口密度、高污染产业结构、围湖造田及水产养殖等），这就造成淮河流域水环境污染、水生境破坏和水生态失衡等问题。主要表现特征是：流域内河流干涸，湖泊和湿地萎缩；河流、水库和湖泊污染严重，可利用水资源量减少，地下水超采严重；水生生物多样性降低，水生生物数量和物种锐减，鱼类资源减少；河流和湖泊生态服务功能降低，等等[98]。

3 淮河中上游水生态调查实验

淮河流域修建了众多的闸坝工程，这些闸坝工程改变着水环境及水生态指标的时空变化，且淮河流域的生态环境问题较为严重，沙颍河尤其突出。对此，为了充分掌握淮河中上游的水环境和水生态情况，从2012年12月开始在沙颍河和淮河部分干流开展水生态调查实验，并对水体理化指标和水生生物指标的时空变化规律及水质情况开展研究。

3.1 淮河中上游水生态调查实验简述

沙颍河是淮河最大且污染最为严重的支流，其水环境和水生态状况直接影响着淮河干流的水生态健康状况。同时，前期研究成果表明沙颍河仍然存在着严重的水环境和水生态问题。对此，本书选择人类活动影响较弱的沙颍河上游和影响剧烈的沙颍河中下游及淮河部分干流开展水生态调查实验，共设置昭平台水库（D1）、白龟山水库（D2）、漯河市区（D3）、周口闸（D4）、槐店闸（D5）、阜阳闸（D6）、颍上闸（D7）、临淮岗闸（D8）、鲁台子水文站（D9）和蚌埠闸（D10）10个监测断面，其中沙颍河7个监测断面，淮河干流3个监测断面。监测断面分布情况如图3-1所示。

从2012年12月份开始，每年7月份和12月份郑州大学左其亭研究团队和中国科学院张永勇研究团队共同对淮河中上游所定的10个水生态监测断面进行实地调查。通过实验获得的监测数据可用于分析淮河流域水库、水闸和河流等不同水体的水环境和水生态变化特征；探讨淮河流域"闸坝调控-径流-环境-河流生态系统"之间作用关系；对比分析闸坝调控对流域水环境和水生态系统变化的影响。因此，水生态调查实验主要从水体理化指标、水生生物指标和河岸栖息地环境三个方面开展实验研究。

（1）水体理化指标

水体理化指标的获取主要分为现场监测和实验室检测两种途径。现场监测主要是利用HACH HQ 30 d和Hydrolab DS5水质和藻类监测仪器，获取各监

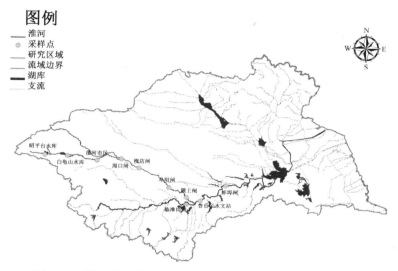

图3-1 淮河中上游水生态调查实验监测断面分布情况示意图

测断面的水温（T）、pH值、溶解氧（DO）、氧化还原电位（ORP）、电导率（EC）、叶绿素a（Chl a）和蓝绿藻（PCY）7个指标。同时，用聚乙烯水壶采集1 000 mL河水，送回实验室检测氨氮（$NH_4 - N$）、高锰酸盐指数（COD_{Mn}）、化学需氧量（COD_{Cr}）、五日生化需氧量（BOD_5）、总磷（TP）、总氮（TN）等指标，参照《地表水和污水检测技术规范》（HJ/T 91 - 2002）[106]和《水和废水监测分析方法》中规定的A类检测方法[100]。

（2）水生生物指标

① 浮游植物。用有机玻璃采水器在0～2 m层采集1 000 mL水样，并立即加入1.5%体积鲁哥氏液固定。水样沉淀48 h后，用虹吸管吸去上清液，浓缩至30 mL，同时加3 mL甲醛溶液保存。定量检测时，取均匀样品0.1 mL，注入0.1 mL计数框内，在400倍显微镜下观察计数，每瓶计数2片，取其平均值，两次计数结果与其平均值之差应不大于±15%。样品采集参照《水环境监测规范》（SL 219 - 2013）[107]；样品浓缩、固定和保存参照《水生生物监测手册》[108]。

② 浮游动物。用有机玻璃采水器采水，经25号生物网（200目）过滤50～100 L水样，取得50～100 mL的样品，并立刻用甲醛溶液（样品量的5%）进行固定。用计数框对浮游动物进行计数。计数时，先将浓缩水样充分

摇匀后，用吸管吸出 1 mL 样品，置于 1 mL 计数框内，在 100 倍显微镜下全片计数，得到每升水样中浮游动物的数量。样品采集参照《水环境监测规范》（SL 219-2013）；样品浓缩、固定和保存参照《水生生物监测手册》。

③ 底栖动物。运用开口面积为 29 cm×19 cm 的蚌斗式采集器，或者 D 型网（底边长 30 cm）采集长度 10~20 m 以获取泥样，并用 60 目筛选器以清水洗涤，直到底泥冲净为止，随即将标本挑出放入 75% 的酒精溶液中固定，带回实验室称重（湿重）分析鉴定。样品采集参照《水环境监测规范》（SL 219-2013）；样品浓缩、固定和保存参照《水生生物监测手册》。

（3）河岸栖息地环境

从底质、栖境复杂性、流速和深度结合、堤岸稳定性、河道变化、河水水量状况、植被多样性、水质状况、人类活动强度和河岸边土壤利用类型 10 个参数对栖息地环境质量进行评价，每个指标分值为 20 分，每个参数根据质量状况优劣程度分为 4 个级别，其分值范围分别为 16~20（好）、11~15（较好）、6~10（一般）和 1~5（差）。根据实际情况和评价标准对各指标进行打分，然后累计求和得到河流栖息地质量指数（Habitat quality index，HQI）[109]。该数值越大表明该处河流栖息地环境质量越好。

3.2 水体理化指标时空分布特征

水体中各种污染物含量增加时，均有可能引起水体功能的降低，甚至危害水体水生态健康、人类的健康和生存。但是，只有某种污染物含量超过水体的承受能力时才会损害水体的功能，含量低时，可能对维持水体的水生态健康和可持续发展是有益的，如适量的氮、磷、温度、水生生物等。对此，本书对水体中常规的理化指标开展研究，分析其含量随时间和空间的变化情况。

3.2.1 时间分布特征

从 2012 年 12 月开始，截止到 2014 年 12 月，共开展 5 次水生态现场调查实验，本书给出水体中部分理化指标（pH、DO、NH_4-N、COD_{Mn}、COD_{Cr}、BOD_5、TP 和 TN）随时间的变化情况。水温受到季节影响比较大，冬季（12月份）调查实验时，水温的变化范围在 6.2~12.3 ℃，而夏季（7月份）采样时水温较高，其范围为 27.6~33.9 ℃，但是每次实验中各监测断面的水温变化情况不太明显，均在 3℃ 之内，因此，针对每次实验分析时未考虑水温这个指标。

（1）pH

pH 也称为氢离子浓度指数，是溶液中氢离子活度的一种标度，也是溶液酸碱程度的衡量标准。5 次实验中大部分监测断面的 pH 均在 6～9 之间，只有第 5 次实验（2014.12）白龟山水库监测断面的 pH 超过 9，最小值则出现在第 2 次实验（2013.7）的昭平台水库监测断面，具体变化如图 3-2 所示。总体来说，水体 pH 的变化不太明显，相差均在 3 之内；同时，根据《地表水环境质量标准（GB 3838-2002）》中的相关规定，pH 的变化范围应在 6～9 之间，如图中虚线所示。由此可见，大部分监测实验和监测断面的水体 pH 均满足要求，只有第 5 次实验的白龟山水库监测断面超出这个范围。

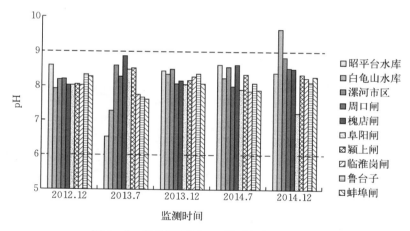

图 3-2　各监测断面 pH 随时间的变化情况

（2）溶解氧（DO）

DO 是溶解于水中的氧，其含量是衡量水质好坏的重要指标之一。总体上，2 次夏季水生态实验（2013.7 和 2014.7）水体中 DO 含量的变化较 3 次冬季水生态实验（2012.12、2013.12 和 2014.12）的变化剧烈，具体情况如图 3-3 所示，分析其原因是夏季水量和水体流动变化都比较大，使得不同监测断面间 DO 含量变化较为剧烈。5 次实验中，第 5 次实验（2014.12）中白龟山水库监测断面 DO 含量最高；水体中 DO 含量最小值出现在第 2 次实验的白龟山水库监测断面，主要是在监测断面上游存在较多的网箱养殖。根据《地表水环境质量标准（GB 3838-2002）》中的相关规定，以Ⅲ类水的标准

（≥5 mg/L）为依据（图中虚线所示），由此可知，大部分实验中各监测断面的 DO 含量均能够达到Ⅲ类水的标准，但是第 2 次实验的白龟山监测断面、第 4 次实验的周口闸监测断面和阜阳闸监测断面的 DO 含量不能满足Ⅲ类水的标准。

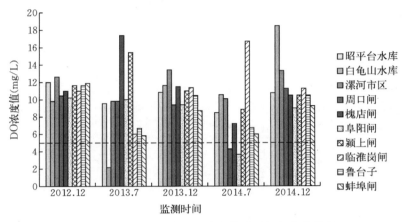

图 3-3　各监测断面 DO 浓度值随时间的变化情况

（3）氨氮（NH₄-N）

水体中的 NH_4-N 主要来源于生活污水和工业废水等含氮有机物的初始污染，其受到微生物的作用，会分解成亚硝酸盐氮，该物质是一种强致癌物质，长期饮用会对身体产生极为不利的影响，而水体中 NH_4-N 的浓度高低是衡量水体水质好坏的一个重要指标。大多数实验中各监测断面的 NH_4-N 浓度均在 1 mg/L 以下（图 3-4），能够达到地表水水体Ⅲ类水的标准［地表水环境质量标准（GB 3838-2002），图中虚线所示］。但是，第 1 次实验和第 3 次实验中的周口闸和槐店闸监测断面，其浓度值要大于Ⅲ类水的标准。同时，第 2 次和第 4 次实验中虽然浓度值能够满足Ⅲ类水标准，但周口闸和槐店闸两个监测断面的浓度值也要大于其余各断面的浓度值，分析其原因是这两个监测断面位于沙颍河中下游，人口较为集中，使其接纳大量的生活污水和工业废水，致使 NH_4-N 的浓度较高。

（4）五日生化需氧量（BOD₅）

BOD_5 是指在 5 d 内微生物分解一定体积水中的某些可被氧化物质（有机物质）所消耗溶解氧的数量，是反映水中有机污染物含量的一个指标。大部分实验中各监测断面的 BOD_5 浓度均为 2 mg/L，主要是受到检测方法的约束，

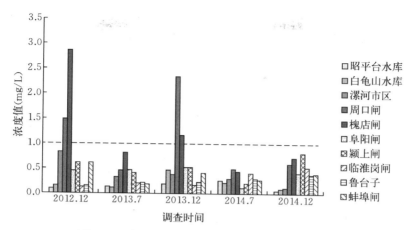

图 3-4　各监测断面 NH_4-N 随时间的变化情况

超出其检测范围，这里均按照最小检测值 2 mg/L 表示，只有在第 1 次实验中的白龟山水库、漯河市区、周口闸、槐店闸和阜阳闸 5 个监测断面真正检测出 BOD_5 的实际浓度值，具体结果如图 3-5 所示。同时，根据《地表水环境质量标准（GB 3838-2002）》的相关标准（Ⅰ类水的标准值为 3 mg/L），5 次实验中各监测断面的 BOD_5 浓度值均能够满足Ⅰ类水的要求，说明整个研究区域内水体未受到有机污染物的污染。

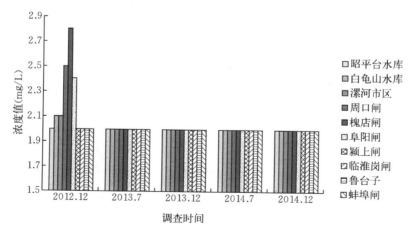

图 3-5　各监测断面 BOD_5 随时间的变化情况

（5）高锰酸盐指数（COD_{Mn}）

COD_{Mn} 是反映水体中有机及无机可氧化物质污染的常用指标，也是水质评价中的重要指标。不同时间各监测断面之间 COD_{Mn} 浓度值相差较大，最大值出现在第 2 次实验的槐店闸监测断面，具体变化如图 3-6 所示。整体上，沙颖河上游的 COD_{Mn} 浓度值要低于沙颖河中下游和淮河干流各监测断面，主要是上游受到人类活动的影响较小，水体中排入的生活、农业和工业污水较少。依据《地表水环境质量标准（GB 3838-2002）》的 III 类水标准值（6 mg/L，如图中虚线所示），5 次实验中 COD_{Mn} 浓度值均小于规范中规定的 III 类水标准值。

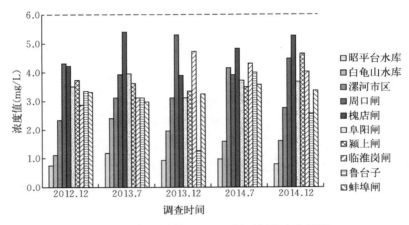

图 3-6　各监测断面 COD_{Mn} 随时间的变化情况

（6）化学需氧量（COD_{Cr}）

COD_{Cr} 是反映水体中有机及无机可氧化物质污染的常用指标，也是水质评价中的重要指标。与 COD_{Mn} 相比，该指标能够将水体中绝大多数有机物进行氧化，氧化率高。第 1 次（2012.12）和第 4 次实验（2014.7）中各监测断面 COD_{Cr} 浓度值相差较大，最大值出现在第 1 次实验的槐店闸监测断面，具体结果如图 3-7 所示。但受到检测方法的制约，部分断面只能采用检测方法中规定的最小值（10 mg/L），而这些未准确检测出浓度值的断面，其水质均能够满足 I 类水要求［地表水环境质量标准（GB 3838-2002）］。同时，依据 III 类水标准值（20 mg/L）可以看出（图中虚线所示），5 次实验中多数监测断面的 COD_{Cr} 浓度值小于规定的 III 类水标准值，而第 1 次实验的槐店闸监测断面以及第 4 次实验的漯河市区和槐店闸监测断面不能满足地表水 III 类水要求。

（7）总磷（TP）

磷是水体富营养化的主要元素，而 TP 是水环境监测中的重要项目。5 次

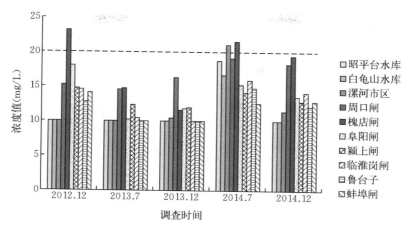

图 3-7 各监测断面 COD$_{Cr}$随时间的变化情况

实验中 TP 浓度值变化较大（图 3-8），总体上呈现出沙颍河上游含量低，中下游含量高的趋势，这主要是由于沙颍河中下游接纳的生活污水和农田退水要多于上游，而这些水体中通常含大量的磷元素。依据《地表水环境质量标准（GB 3838-2002）》的Ⅲ类水标准值（0.20 mg/L），如图中虚线所示，5 次实验中多数监测断面的 TP 浓度值均小于规范中规定的Ⅲ类水标准值，而第 1 次实验的槐店闸监测断面、第 3 次实验的周口闸监测断面、第 4 次实验的周口闸、槐店闸和阜阳闸监测断面和第 5 次实验的周口闸和槐店闸监测断面不能满足地表水Ⅲ类水要求。

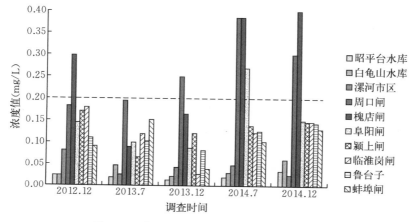

图 3-8 各监测断面 TP 随时间的变化情况

（8）总氮（TN）

TN 是水中各种形态无机和有机氮的总量，其可用来表示水体受营养物质污染的程度。5 次实验中各监测断面 TN 浓度值变化较大，总体上呈现出沙颍河上游含量低、中下游含量高、淮河干流含量较高的趋势（图 3-9），这主要是由于沙颍河中下游及淮河干流接纳的生活污水和农田退水要多于沙颍河上游，而这些水体中通常富含氮元素。参考《地表水环境质量标准（GB 3838-2002）》的Ⅲ类水标准值（1 mg/L），如图中虚线所示，5 次实验中多数监测断面的 TN 浓度值均大于规范中规定的Ⅲ类水标准值，只有沙颍河上游的昭平台水库和白龟山水库两个监测断面的部分实验浓度值小于Ⅲ类水标准值。由此可见，TN 是研究区域内主要的水体污染物。

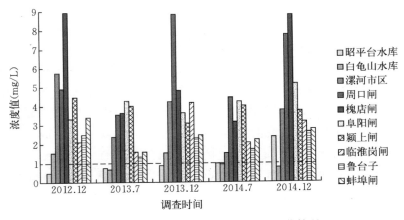

图 3-9　各监测断面 TN 随时间的变化情况

3.2.2　空间分布特征

为了研究各监测断面水体理化指标的空间分布情况，从第 1 次实验（2012 年 12 月）开始，分别给出 5 次实验水体中部分物理指标含量（pH 和 DO）和部分污染物浓度值（NH_4-N、BOD_5、COD_{Mn}、COD_{Cr}、TP 和 TN）随监测断面的变化情况。

（1）物理指标空间分布特征

第 1 次实验（2012 年 12 月）水体中 pH 和 DO 浓度值在各监测断面变化均不明显，pH 的变化范围在 7.92~8.6 之间；DO 浓度值的变化范围为 9.71~12.54 mg/L，具体结果如图 3-10 所示。

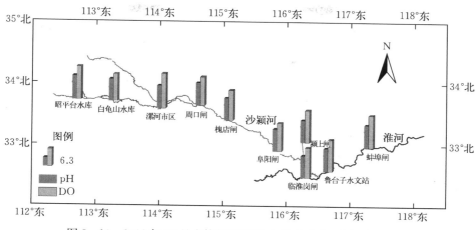

图 3-10 2012 年 12 月水体物理指标（pH 和 DO）空间变化情况

第 2 次实验（2013 年 7 月）水体中 pH 的变化趋势不明显（图 3-11），其变化范围在 6.53～8.87 之间；而 DO 浓度值则变化较为明显，变化范围为 2.04～17.4 mg/L 之间，主要是多数监测断面均在闸坝下游，水体中 DO 浓度值受到闸坝调控影响较大，闸坝调控强度大时，利于水体中 DO 浓度的增加。

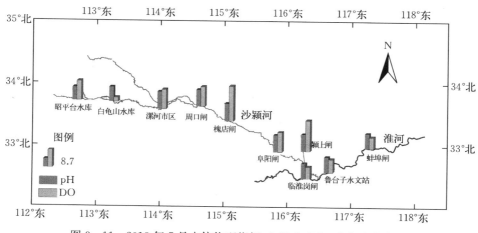

图 3-11 2013 年 7 月水体物理指标（pH 和 DO）空间变化情况

第 3 次实验（2013 年 12 月）水体中 pH 和 DO 浓度值的变化趋势均不明显，阜阳闸监测断面的监测值均较小（图 3-12）。pH 的变化范围在 8.06～8.49 之间；DO 浓度值的变化范围为 8.61～13.39 mg/L。

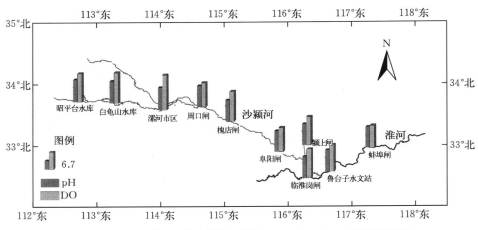

图 3-12　2013 年 12 月水体物理指标（pH 和 DO）空间变化情况

第 4 次实验（2014 年 7 月）水体中 pH 的变化趋势不明显，其变化范围在 7.85～8.62 之间；而 DO 浓度值变化较为明显，变化范围为 3.66～16.7 mg/L，主要是实验时水体中 DO 浓度值受到闸坝调控方式（水量）的影响较为明显，如实验时临淮岗闸处于开启状态，正在向下游泄流，造成该监测断面的 DO 浓度值较大，具体变化如图 3-13 所示。

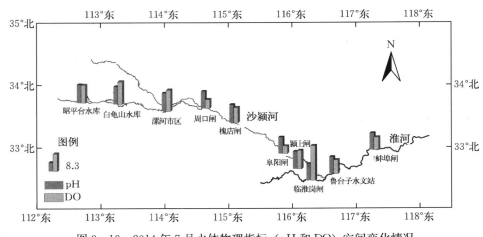

图 3-13　2014 年 7 月水体物理指标（pH 和 DO）空间变化情况

第 5 次实验（2014 年 12 月）水体中 pH 的变化趋势不明显，变化范围为 7.22～9.69；DO 浓度值变化较为明显，变化范围为 8.95～18.44 mg/L；pH

和 DO 浓度值最大值均出现在白龟山水库监测断面，而最小值均出现在阜阳闸监测断面，具体结果如图 3-14 所示。

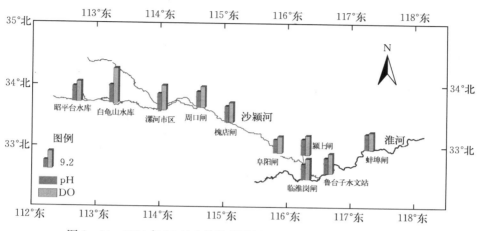

图 3-14 2014 年 12 月水体物理指标（pH 和 DO）空间变化情况

（2）部分化学指标空间变化特征

第 1 次实验（2012 年 12 月）从沙颍河上游（昭平台水库监测断面）到淮河干流（蚌埠闸监测断面），水体中各污染物总体上呈现升高—下降—再升高的变化趋势（图 3-15），即在沙颍河中下游达到最大值，入淮河后浓度值有所降低，而随着点源和面源污染物的汇入，淮河干流各监测断面的污染物浓度又有所增加，但仍小于沙颍河中下游的水体污染物浓度值。

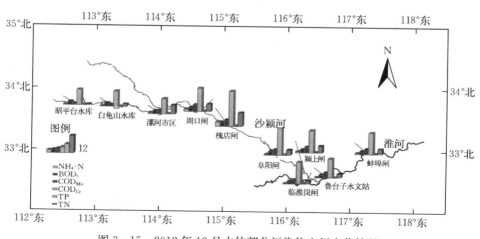

图 3-15 2012 年 12 月水体部分污染物空间变化情况

第 2 次实验（2013 年 7 月）中多数水体污染物（$NH_4 - N$、COD_{Mn}、COD_{Cr}、TP 和 TN）呈现升高—下降—再升高的变化趋势（图 3 - 16），最大值均出现在沙颍河中下游的监测断面（周口闸、槐店闸或阜阳闸监测断面）。而 BOD_5 受到检测技术的影响，均小于最小检测值（2 mg/L），未能看出其随监测断面的变化情况。

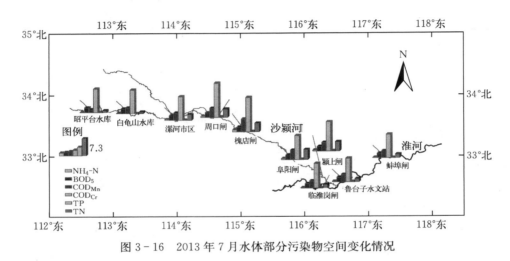

图 3 - 16　2013 年 7 月水体部分污染物空间变化情况

第 3 次实验（2013 年 12 月）水体各污染物均呈现升高—降低—再升高的变化趋势（图 3 - 17），最大浓度值均出现在周口闸监测断面，但在入淮河以

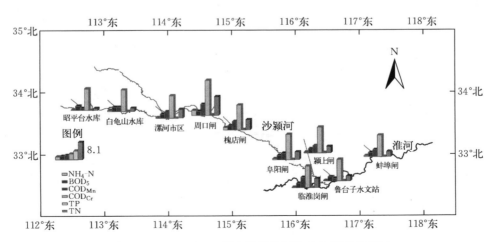

图 3 - 17　2013 年 12 月水体部分污染物空间变化情况

后，部分污染物浓度值（COD_{Mn}和 TN）较沙颖河下游监测断面（颖上闸监测断面）的浓度值要高，主要是临淮岗闸监测断面受到上游来水来污和闸坝调控方式的影响，会造成其水体部分污染物浓度值的变化，但这些污染物在其下游监测断面（鲁台子水文站监测断面）处的浓度值均发生下降，这主要是由于水体的自净或稀释作用产生的结果。

第 4 次实验（2014 年 7 月）各种水体污染物均呈现升高—降低—再升高的变化趋势（图 3-18），最大浓度值均出现在沙颖河中游（周口闸监测断面或槐店闸监测断面），但在入淮河以后，部分污染物浓度值（$NH_4 - N$、COD_{Mn}和COD_{Cr}）较沙颖河下游监测断面（颖上闸监测断面）的浓度值要高，主要是临淮岗闸监测断面受到上游来水来污和闸坝调控方式的影响，造成水体部分污染物浓度值的变化，但这些污染物在其下游监测断面（鲁台子水文站监测断面）处的浓度值均发生下降，这主要是由于水体的自净或稀释作用产生的结果。同时，BOD_5受到检测技术的影响，均小于最小检测值（2 mg/L），未能看出其随着监测断面的变化情况。

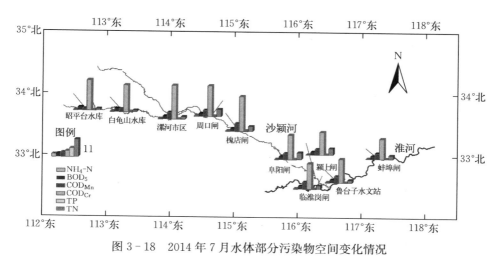

图 3-18 2014 年 7 月水体部分污染物空间变化情况

第 5 次实验（2014 年 12 月）中各种水体污染物均呈现升高—降低—再升高的变化趋势（图 3-19），最大浓度值均出现在沙颖河中游（周口闸监测断面或槐店闸监测断面），但在入淮河以后，部分污染物浓度值（COD_{Cr}）较沙颖河下游监测断面（颖上闸监测断面）的浓度值要高，但这些污染物在其下游监测断面（鲁台子水文站监测断面）处的浓度值均发生了下降，这主要是由于水体的自净或稀释作用产生的结果。

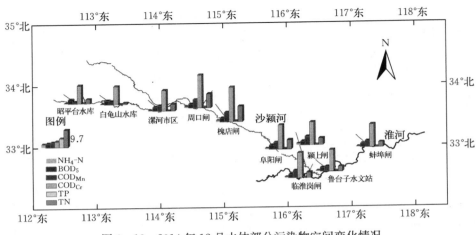

图 3-19 2014 年 12 月水体部分污染物空间变化情况

总之，从图 3-15 至图 3-19 中可以看出，所检测的各种污染物最大浓度值均出现在沙颍河中下游的周口闸监测断面、槐店闸监测断面或阜阳闸监测断面，而沙颍河上游和淮河干流则浓度值相对较低，分析其原因主要是沙颍河中下游受人类活动影响较大，且其水量又比淮河干流少。同时，在周口市汇入的贾鲁河是郑州市主要的退水河，接纳了大量的生活、城市和工业污水。中华人民共和国环境保护部公布的《中国环境状况公报》近几年的数据显示，贾鲁河的水质均呈现劣 V 类水，各种污染物浓度均超标，因此，随着其汇入沙颍河，造成周口闸监测断面和槐店闸监测断面污染物浓度的增加；而沙颍河下游的阜阳闸监测断面和颍上闸监测断面污染物浓度值的变化主要是在槐店闸监测断面和阜阳闸监测断面之间，有沙颍河较大支流——泉河的汇入，据中华人民共和国环境保护部公布的《中国环境状况公报》近几年数据显示，泉河的水质整体处于 IV 类或 V 类水水平，对槐店闸释放的高污染水体具有一定的稀释作用；同时，茨淮新河从沙颍河中引水，也改变着阜阳闸和颍上闸两个监测断面的水体流量和污染物浓度及分布情况。

3.3　水体浮游植物时空分布特征

浮游植物是指在水中以浮游生活的微小植物，通常浮游植物就是指浮游藻类，包括蓝藻门、绿藻门、硅藻门、金藻门、黄藻门、甲藻门、隐藻门和裸藻门八个门类的浮游种类，其作为水生生态系统的重要组成部分，是水生态系统的初级生产者,具有种类繁多、分布广泛等特点。同时,浮游植物群落结构特征与水体质量的关系密切,其种类和密度会随着环境因子的改变而改变,因此浮游植物群落结构特征变化对湖泊污染及净化起着指示作用。

对此,实验中对获取的水样除了检测水体理化指标之外,对其中的浮游植物种类、密度等参数也进行了监测,监测到的藻类主要分为硅藻门、绿藻门、蓝藻门、金藻门、隐藻门、甲藻门、黄藻门和裸藻门,同时对各门中所含的藻类种类数及密度值进行监测。书中从时间和空间两个维度对浮游植物种类和密度的分布情况开展研究。

3.3.1　时间分布特征

根据浮游植物监测结果,从时间维度分别给出5次实验中浮游植物的种类数和密度值的变化情况,如图3-20所示。

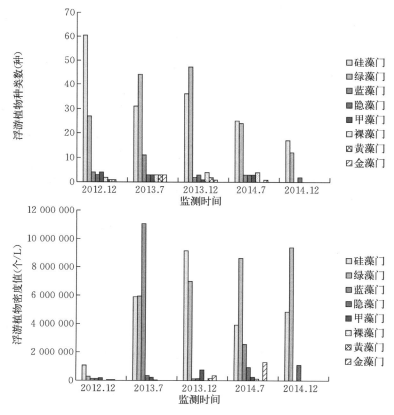

图3-20　浮游植物种类和密度值随时间的变化情况

从图 3-20 中可以看出，5 次实验中硅藻门和绿藻门种类数占据着绝对优势，种类数最多的是第 1 次实验（2012.12）的硅藻门，达到 60 种，其他浮游植物（蓝藻门、隐藻门、甲藻门、裸藻门、黄藻门和金藻门）的种类数则明显较少，甚至黄藻门和金藻门在第 2 次实验（2013.7）和黄藻门在第 4 次实验（2014.7）中均未出现；第 5 次实验（2014.12）浮游植物的总种类数最少，只有 31 种，且只出现硅藻门、绿藻门和隐藻门。

在密度方面，第 1 次实验中浮游植物的密度值明显小于其他 4 次实验的密度值；总体来看，5 次实验中硅藻门和绿藻门的密度较大，在总密度中占据较大比例，但第 2 次实验中，密度值最大的是蓝藻门，达到 1 100 万个/L。总体来说，种类数大的种群，其密度值也较大，如硅藻门和绿藻门，其密度值均在 25 万个/L 以上。但是，有些种群的种类数较少，其密度值却比较大，如第 4 次实验中的金藻门，其种类数只有 1 种，但其密度值却达到 125 万个/L；夏季实验中获得的浮游植物密度值要大于冬季实验中的密度值。

3.3.2 空间分布特征

为了研究水体中浮游植物的种类数及密度值的空间分布情况，从第 1 次实验（2012 年 12 月）开始，分别给出 5 次实验水体中浮游植物种类数及密度值随监测断面的变化情况。

（1）第 1 次实验（2012 年 12 月）

在多数监测断面硅藻门的种类数所占的比例均比较大，除了阜阳闸监测断面（绿藻门种类数最多）；绿藻门的种类数从沙颍河上游到沙颍河中下游有逐渐增加的趋势，绿藻门种类数占总种类数的比例从 7%（昭平台水库监测断面）增加到 50%（阜阳闸监测断面）。但是，进入淮河干流后绿藻门种类数有所下降，特别是临淮岗闸监测断面未监测到绿藻门浮游植物，具体结果如图 3-21 所示。

各监测断面硅藻门密度值在总密度值中占据着主导地位；第二大密度值的浮游植物种类则有所不同，如绿藻门、蓝藻门或隐藻门在不同监测断面均出现过第二大密度值；各监测断面中浮游植物的最大密度值出现在颍上闸监测断面，最小值出现在昭平台水库监测断面，具体结果如图 3-22 所示。

（2）第 2 次实验（2013 年 7 月）

绿藻门种类数从沙颍河上游到沙颍河中下游有逐渐增加的趋势（图 3-23），绿藻门种类数占总种类数的比例从 16%（昭平台水库监测断面）增加到 53%

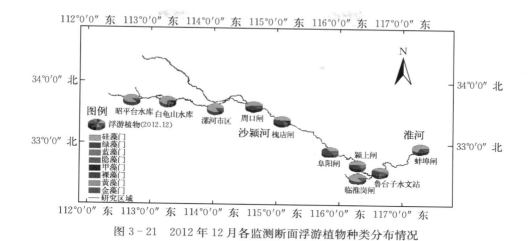

图 3-21 2012 年 12 月各监测断面浮游植物种类分布情况

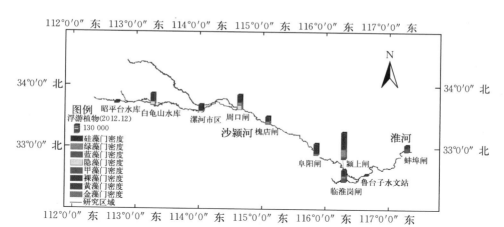

图 3-22 2012 年 12 月各监测断面浮游植物密度变化情况

（阜阳闸监测断面），入淮河后绿藻门种类数有所下降，特别是蚌埠闸监测断面绿藻门浮游植物仅占总种类数的 12.5%；同时，硅藻门和绿藻门种类数在浮游植物总种类数中占据着优势，各监测断面中两者之和占总种类数的比例均在 65%以上，特别是昭平台水库监测断面和蚌埠闸监测断面仅监测到这两门浮游植物。

多数监测断面中硅藻门和绿藻门浮游植物的密度值比较大，两者之和占浮游植物总密度值的 75%以上，特别是昭平台水库监测断面和蚌埠闸监测断面两者所占比例达到 100%，具体结果如图 3-24 所示。但是，部分监测断面两

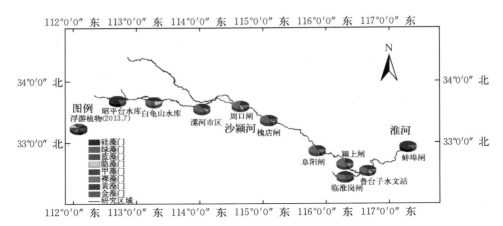

图 3-23　2013 年 7 月各监测断面浮游植物种类分布情况

者所占比例较小，如白龟山水库、槐店闸、临淮岗闸和鲁台子水文站监测断面，这些监测断面中蓝藻门所占比例较大，特别是槐店闸监测断面，其所占比例达到 81％。总体上，浮游植物密度存在升高—降低的变化趋势，最大值出现在槐店闸监测断面，达到 1 100 万个/L，而最小值出现在蚌埠闸监测断面，仅有 13 万个/L。

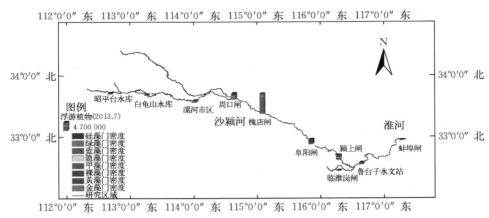

图 3-24　2013 年 7 月各监测断面浮游植物密度变化情况

（3）第 3 次实验（2013 年 12 月）

各监测断面中硅藻门和绿藻门的种类数所占总种类数的比例较大，两者之和所占比例均在 80％以上；沙颍河中下游及淮河干流多数监测断面中绿藻门所占比例有所增加，如蚌埠闸监测断面绿藻门所占比例达到60％以上；部分监测断面只监测到一门浮游植物，如昭平台水库监测断面只监测到硅藻门浮游植物，具体结果如图3-25所示。

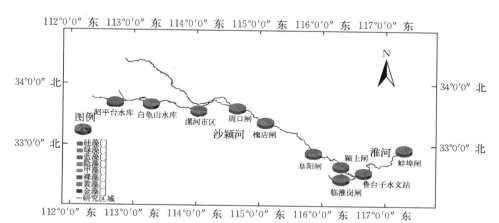

图3-25 2013年12月各监测断面浮游植物种类分布情况

各监测断面硅藻门和绿藻门密度值之和在总密度值中所占比例较大，均在60％以上，甚至部分监测断面所占比例在90％以上（昭平台水库、白龟山水库、槐店闸、阜阳闸、颍上闸、临淮岗闸和蚌埠闸监测断面），具体结果如图3-26所示。同时，结合图3-25可以看出，种类数多的浮游植物，其密度值也较大。

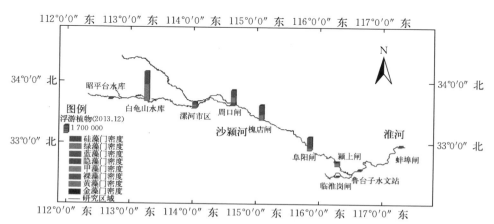

图3-26 2013年12月各监测断面浮游植物密度变化情况

（4）第 4 次实验（2014 年 7 月）

各监测断面中硅藻门和绿藻门种类数所占总种类数的比例较大，两者之和所占比例均在 70％以上；沙颖河上游（昭平台水库监测断面）和淮河干流监测断面硅藻门所占比例最大，沙颖河中下游多数监测断面中绿藻门所占比例有所增加，如颖上闸监测断面绿藻门所占比例达到 60％以上，具体结果如图 3-27 所示。

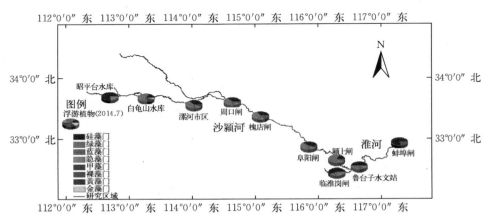

图 3-27　2014 年 7 月各监测断面浮游植物种类空间分布情况

多数监测断面中硅藻门和绿藻门浮游植物密度值之和在总密度中所占比例较大（60％以上），但是，有些断面两者所占比例较小，如白龟山水库监测断面和周口闸监测断面，这些断面的金藻门和蓝藻门密度有所增加，特别是白龟山水库监测断面金藻门密度值所占比例达到 67％，具体结果如图 3-28 所示。

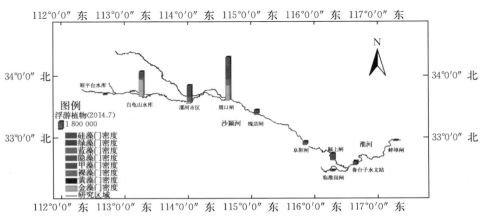

图 3-28　2014 年 7 月各监测断面浮游植物密度空间变化情况

（5）第 5 次实验（2014 年 12 月）

各监测断面中硅藻门和绿藻门种类数占总种类数的比例较大，两者之和所占比例均在 70% 以上；多数监测断面中硅藻门所占比例较大，除了槐店闸监测断面；沙颍河中下游多数监测断面中绿藻门所占比例有所增加，如槐店闸监测断面绿藻门所占比例接近 50%；部分监测断面只监测到一门浮游植物，如昭平台水库监测断面只监测到硅藻门浮游植物，具体情况如图 3-29 所示。

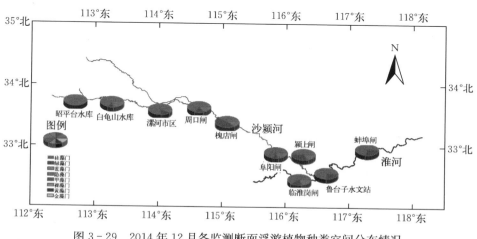

图 3-29　2014 年 12 月各监测断面浮游植物种类空间分布情况

周口闸监测断面的绿藻门密度值最大（图 3-30），其密度值要远大于其他各监测断面浮游植物的密度值；沙颍河中下游各监测断面浮游植物密度值要大于沙颍河上游和淮河干流监测断面密度值，特别是周口闸监测断面；除了周口闸监测断面之外，其余各监测断面硅藻门浮游植物密度值均大于绿藻门浮游植物密度值。

总之，从图 3-21 至图 3-30 中可以看出，研究区域内硅藻门和绿藻门浮游植物的种类数和密度值均比较大，在多数监测断面中均占据着主导地位；沙颍河中下游各监测断面中绿藻门较沙颍河上游监测断面有所增加，同时，沙颍河中下游各监测断面的浮游植物密度值要大于沙颍河上游和淮河干流监测断面。这主要是由于浮游植物受氮、磷等营养元素浓度值影响较大，这些元素浓度值过低时会限制浮游植物的生长，依据前文中对水体理化指标的分析结果，沙颍河中下游水体中所含氮和磷等营养元素较多，能够促进水体中浮游植物的生长，且夏季温度高时，对浮游植物的生长也起到一定的促进作用。

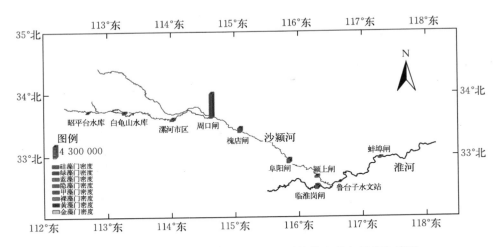

图 3-30 2014 年 12 月各监测断面浮游植物密度空间变化情况

3.4 水体浮游动物时空分布特征

浮游动物是一类经常在水中浮游,且自身不能制造有机物的异养型无脊椎动物和脊索动物幼体的总称,在水中营浮游性生活的动物类群。它们完全没有游泳能力或者游泳能力微弱,不能作远距离的移动,也不足以抵拒水的流动力。浮游动物的种类极多,从低等的微小原生动物、腔肠动物、栉水母、轮虫、甲壳动物、腹足动物等,到高等的尾索动物,几乎每一类都有永久性的代表,其中以种类繁多、数量极大、分布又广的桡足类最为突出。此外,也包括阶段性浮游动物,如底栖动物的浮游幼虫和游泳动物(如鱼类)的幼仔、稚鱼等。浮游动物在水层中的分布也较广。无论是在淡水,还是在海水的浅层和深层,都有典型的代表。浮游动物是河流水生态系统的重要组成部分,是鱼、贝类的重要饵料来源,同时,浮游动物吃比他们更小的动植物,主要有藻类、细菌、桡足类和一些食物碎屑。

对此,实验中对获取的水样除了检测水体理化指标和监测浮游植物种类及密度之外,对其中的浮游动物种类、密度等参数也进行了监测,监测到的浮游动物主要分为原生动物、轮虫、枝角类和桡足类,书中从时间和空间两个维度对其种类数和密度值的分布情况开展研究。

3.4.1 时间分布特征

根据浮游动物监测结果，从时间维度分别给出 5 次实验中浮游动物的种类数和密度值的变化情况，如图 3-31 所示。

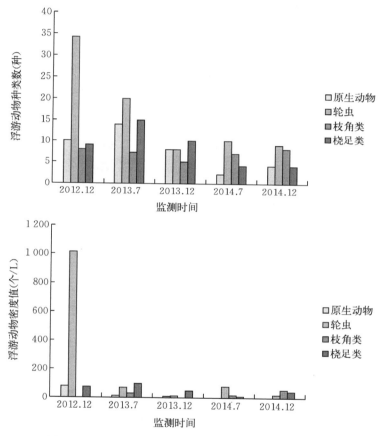

图 3-31 浮游动物种类数和密度值随时间的变化情况

从图 3-31 中可以看出，多数实验中轮虫的种类数较多，特别是第 1 次实验（2012.12）轮虫种类数达到 34 种，但是在第 3 次实验（2013.12）中桡足类种类数多于轮虫种类数，达到 10 种。第 1 次实验和第 4 次实验（2014.7）的轮虫密度值最大，特别是第 1 次实验轮虫密度值达到最大，为 1 006.8 个/L；第 2 次实验（2013.7）和第 3 次实验中桡足类浮游动物的密度值较大，但是相差均没有第 1 次实验明显。种类数多的浮游动物，其密度值一般也较大，如第

1次实验中的轮虫浮游动物。

3.4.2　空间分布特征

为了研究水体中浮游动物的种类数及密度值的空间分布情况，从第1次实验（2012年12月）开始，分别给出5次实验水体中浮游动物种类数及密度值随监测断面的变化情况。

（1）第1次实验（2012年12月）

各监测断面中轮虫种类数所占比例较大，均在50%以上，其中昭平台水库监测断面的轮虫种类数所占比例最大，达到86%；多数监测断面中，桡足类浮游动物种类数均较多，仅次于轮虫种类数，而种类数最少的浮游动物是枝角类浮游动物（图3-32）。

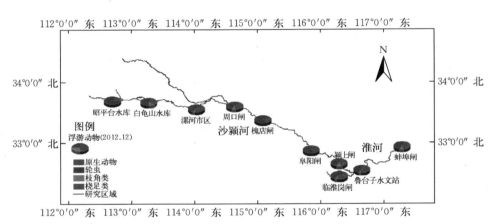

图3-32　2012年12月各监测断面浮游动物种类分布情况

沙颍河中下游各监测断面的浮游动物密度值要高于沙颍河上游和淮河干流各监测断面，总体上呈现升高—下降—再升高的变化趋势，各监测断面中浮游动物密度最小值出现在昭平台水库监测断面，仅为3.9个/L，最大值出现在阜阳闸监测断面，达到420个/L；沙颍河中下游各监测断面中轮虫密度值要大于其他三种浮游动物（原生动物、枝角类和桡足类浮游动物），具体情况如图3-33所示。

（2）第2次实验（2013年7月）

各监测断面浮游动物种类数差别较小，变化范围为7~13种；50%监测断面的轮虫种类数最多，其次是桡足类浮游动物，最少种类数浮游动物是枝角

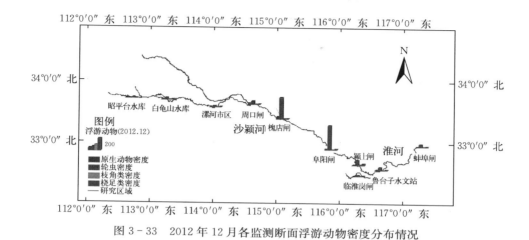

图 3-33 2012 年 12 月各监测断面浮游动物密度分布情况

类。同时，枝角类浮游动物只出现在沙颍河上游和淮河干流监测断面，具体情况如图 3-34 所示。

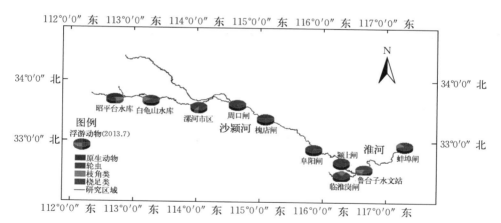

图 3-34 2013 年 7 月各监测断面浮游动物种类分布情况

各监测断面中浮游动物密度值最大的断面是周口闸监测断面，达到 97.5 个/L；昭平台水库、白龟山水库和临淮岗闸监测断面的浮游动物密度值较小，且三者较为接近，均在 3 个/L 左右；各监测断面浮游动物密度值总体上呈现升高—降低—升高—再减低的变化趋势（图 3-35）；各监测断面中密度值较高的 3 个断面是周口闸监测断面、鲁台子水文站监测断面和漯河市区监测断面。

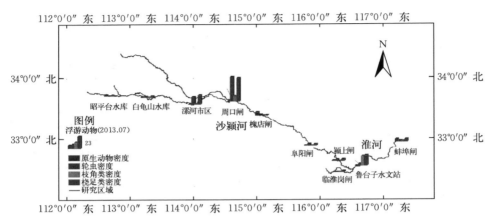

图 3-35 2013 年 7 月各监测断面浮游动物密度分布情况

(3) 第 3 次实验 (2013 年 12 月)

各监测断面浮游动物种类数差别不太明显, 变化范围为 2~9 种, 漯河市区和周口闸监测断面的浮游动物种类数最大, 但也只有 9 种; 临淮岗闸监测断面的浮游动物种类数最少, 只有 2 种; 在临淮岗闸监测断面只监测到桡足类浮游动物; 原生动物只出现在沙颍河上游和蚌埠闸监测断面 (图 3-36)。

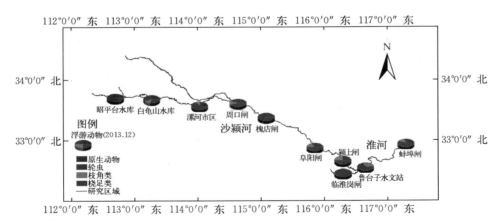

图 3-36 2013 年 12 月各监测断面浮游动物种类分布情况

多数监测断面 (70% 监测断面) 中桡足类浮游动物密度值占总密度值的比例较大, 均在 50% 以上; 其余断面中, 昭平台水库监测断面原生动物所占比例最大, 达到 90% 以上, 槐店闸监测断面则是轮虫所占比例较大的监测断面

（75％）；鲁台子水文站监测断面由于浮游动物密度值未达到监测方法要求的最小值，故其密度值为零，具体情况如图3-37所示。

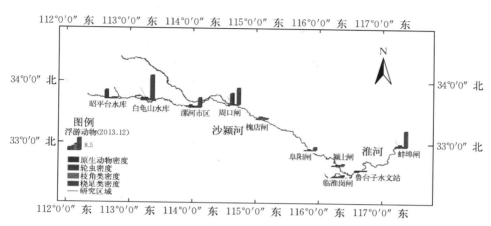

图3-37　2013年12月各监测断面浮游动物密度分布情况

（4）第4次实验（2014年7月）

各监测断面浮游动物种类数变化范围为1～7种，漯河市区、颍上闸和临淮岗闸监测断面的浮游动物种类数最大，但也只有7种；昭平台水库和周口闸监测断面的浮游动物种类数最少，只有1种，且只监测到枝角类浮游动物；原生动物只出现在临淮岗闸和鲁台子水文站监测断面，且每个断面只监测到1种原生动物；槐店闸监测断面只监测到3种轮虫浮游动物，具体情况如图3-38所示。

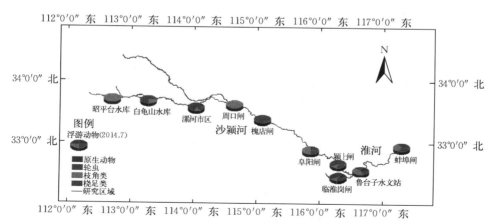

图3-38　2014年7月各监测断面浮游动物种类分布情况

各监测断面总体上呈现升高—下降—升高—下降的变化趋势（图3-39），最大密度值出现在颍上闸监测断面，为43.2个/L，最小值出现在周口闸监测断面，仅为0.6个/L；60%的监测断面（白龟山水库、漯河市区、槐店闸、颍上闸、临淮岗闸和蚌埠闸监测断面）中轮虫密度值所占比例最大，其余断面枝角类浮游动物密度值所占比例较大。

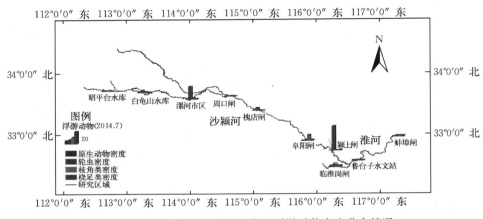

图3-39　2014年7月各监测断面浮游动物密度分布情况

（5）第5次实验（2014年12月）

各监测断面浮游动物种类数差别不太明显，种类数的范围为2～8种，阜阳闸和临淮岗闸监测断面的浮游动物种类数最大，但也只有8种；昭平台水库监测断面的浮游动物种类数最少，只有2种；原生动物只出现在白龟山水库和阜阳闸监测断面，且阜阳闸监测断面只监测到1种原生动物；各监测断面中轮虫出现的次数较多，且种类数也最大，为23种，原生动物出现的次数和种类数均最小，具体情况如图3-40所示。

各监测断面密度值总体上呈现升高—下降—升高—下降的变化趋势（图3-41），最大密度值出现在槐店闸监测断面，为69个/L，最小值出现在昭平台水库监测断面，仅为1个/L；50%监测断面（白龟山水库、阜阳闸、颍上闸、临淮岗闸和蚌埠闸监测断面）中轮虫密度值所占比例最大，鲁台子水文站监测断面桡足类浮游动物所占比例较大，其余40%断面中枝角类密度值所占比例较大。

总体来说，浮游动物一般体型较小，不能抵抗水体的流动，且不具备游泳能力或者游泳能力微弱，不能远距离移动，因此，对于闸控河流来说，浮游动

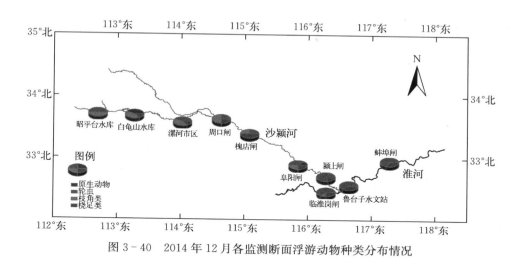

图 3-40　2014 年 12 月各监测断面浮游动物种类分布情况

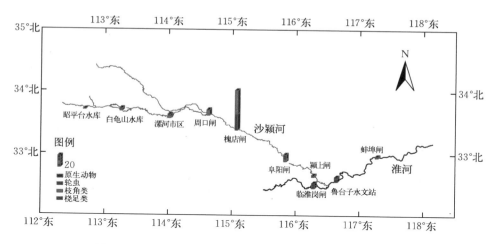

图 3-41　2014 年 12 月各监测断面浮游动物密度分布情况

物的移动主要依靠闸门调控的水流作用。从图 3-32 至图 3-41 中可以看出，浮游动物种类数和密度最大值多出现在沙颍河中下游的监测断面，且多数情况下轮虫类浮游动物和桡足类浮游动物是各监测断面中主要的浮游动物种类，其种类数和密度值均比较大；部分实验中昭平台水库监测断面主要是原生动物。浮游动物主要依靠吃比它们更小的浮游动植物来生存，也可以吃细菌和一些食物碎屑，其种类数和密度值受到浮游植物群落结构影响较大。由前文研究成果可知，沙颍河中下游各监测断面的浮游植物密度值较大，同时水体中富含大量的营养元素（氮和磷）、细菌和有机质，这些都为浮游动物的生长提供必需的食物来源，有利于其繁殖和生长，故沙颍河中下游各监测断面中浮游动物的种类数和密度值均较大；同时，各类浮游动物间也存在一定的竞争和捕食关系，如各类浮游动物多以水体中的细菌、浮游植物等为食，它们之间势必存在竞争关系，同时，枝角类浮游动物又能以原生动物为食，桡足类浮游动物能够以轮虫为食，故这些浮游动物种类间又存在捕食与被捕食的关系，这些因素会造成浮游动物各种群种类数和密度值的变化。

3.5　水体底栖动物时空分布特征

在水生态系统中，底栖动物具有寿命长、迁移能力弱等特点，在一定程度上能够指示环境的长期变化和河床演变过程，且其群落结构受到闸坝调度的影响更为明显；它们又是生态系统中重要的次级生产者，是食物链的一个重要中间环节，且兼具藻类和鱼类的优点，已被广泛应用于河流生态系统评价和水生态健康评价。同时，底栖动物物种多样性程度直接影响着整个水生态系统的稳定，是水生态系统的重要组成部分。对此，实验中对底栖动物的种类、数量等参数进行了监测，监测到的底栖动物为软体动物门、节足动物门、环节动物门和扁形动物门，书中从时间和空间两个维度对其种类和数量分布情况开展研究。

3.5.1　时间分布特征

根据底栖动物监测结果，从时间维度分别给出 5 次实验中底栖动物的种类和数量的变化情况，如图 3－42 所示。

从图 3－42 中可以看出，在 5 次实验中，节足动物门的种类数最多，最少种数是环节动物门（第 5 次实验除外）；节足动物门种类数的变化幅度要大于软体动物门和环节动物门的种类数变化幅度，对于节足动物门其种类数的最小值出现在第 3 次实验（2013.12）。在第 5 次实验中，出现了前 4 次实验均没有出现的扁形动物门，但是只出现 1 种。

对于底栖动物数量方面，第 4 次实验（2014.7）中软体动物门和节足动物门的数量相差不大，均在 1 000 个以上，但此时环节动物门的数量最少，仅为 3 个；软体动物门和节足动物门的数量要大于环节动物门的数量，特别是第 4 次实验；5 次实验中，底栖动物数量的最大值均为节足动物门，最小值均为环

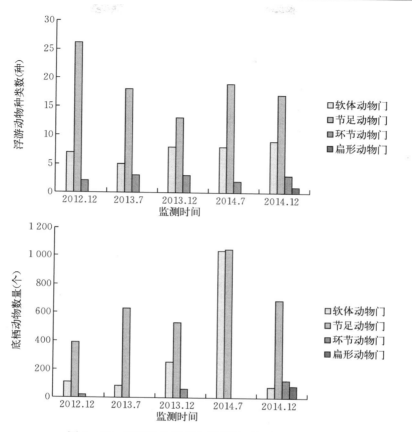

图 3-42 底栖动物种类和数量随时间的变化情况

节动物门,第 5 次实验(2014.12)除外;第 4 次实验中各底栖动物的数量(2 072 个)要大于其余 4 次实验中底栖动物数量,最小数量值出现在第 1 次实验(2012.12),为 513 个;第 5 次实验中出现的扁形动物门数量较少,只有80 个。

3.5.2 空间分布特征

在分析底栖动物种类数和数量随时间变化的基础上,为了研究底泥中底栖动物的种类数及数量的空间分布情况,从第 1 次实验(2012 年 12 月)开始,分别给出 5 次实验中底栖动物种类及数量随监测断面的变化情况。

(1)第 1 次实验(2012 年 12 月)

除了鲁台子水文站监测断面未监测到节足动物门,多数监测断面(90%监测断面）中节足动物门种类数所占比例最大；槐店闸监测断面和颍上闸监测断面只监测到节足动物门；软体动物门和环节动物门种类数则没有明显的规律性，具体情况如图3-43所示。

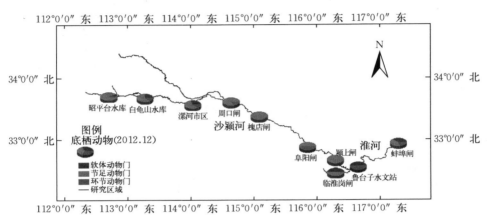

图3-43　2012年12月各监测断面底栖动物种类分布情况

　　槐店闸及其以上监测断面底栖动物数量较多，但其以下监测断面底栖动物的数量要明显少于其上游各监测断面；在槐店闸及其以上监测断面中，节足动物门的数量最大；在沙颍河上游各监测断面中，软体动物门的数量大于环节动物门的数量，但小于节足动物门的数量，具体情况如图3-44所示。

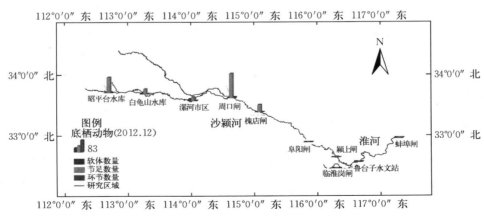

图3-44　2012年12月各监测断面底栖动物数量分布情况

（2）第 2 次实验（2013 年 7 月）

多数监测断面（80％监测断面）中节足动物门种类数所占比例最大，除了周口闸和槐店闸监测断面，这两个监测断面中软体动物门和环节动物门种类数所占的比例较大；在白龟山水库监测断面和鲁台子水文站监测断面只监测到节足动物门；多数监测断面中软体动物门和节足动物门种类数要大于环节动物门种类数，具体情况如图 3-45 所示。

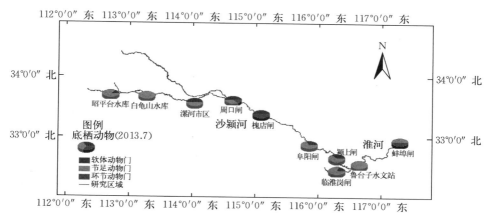

图 3-45　2013 年 7 月各监测断面底栖动物种类分布情况

沙颍河上游（昭平台水库和白龟山水库监测断面）、淮河干流和沙颍河下游部分断面（颍上闸监测断面）底栖动物数量较多（图 3-46），明显大于沙颍河上游（漯河市区）、中游和下游部分监测断面（阜阳闸监测断面）底栖动物数量，且节足动物门的数量最大；在各监测断面中，颍上闸监测断面的底栖动物数量最多，为 200 个，槐店闸监测断面底栖动物数量最少，仅为 7 个；多数监测断面中，软体动物门的数量大于环节动物门的数量，但小于节足动物门的数量；漯河市区监测断面的软体动物门数量最多，为 47 个。

（3）第 3 次实验（2013 年 12 月）

多数监测断面（70％监测断面）中软体动物门种类数所占比例最大，除了沙颍河上游的昭平台水库和白龟山水库监测断面以及沙颍河中游的槐店闸监测断面，这三个监测断面中节足动物门种类数所占的比例较大，而在临淮岗闸监测断面只监测到软体动物门底栖动物；多数监测断面中软体动物门和节足动物门种类数大于环节动物门种类数（图 3-47）。

沙颍河上游（昭平台水库和白龟山水库监测断面）和淮河干流的鲁台子水

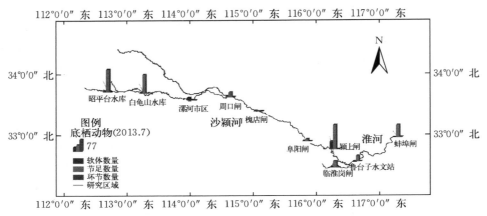

图 3-46　2013 年 7 月各监测断面底栖动物数量分布情况

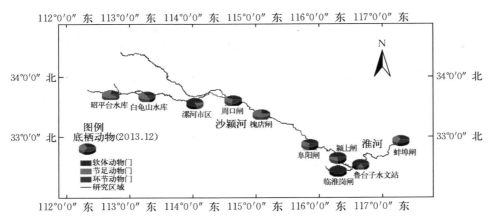

图 3-47　2013 年 12 月各监测断面底栖动物种类分布情况

文站监测断面底栖动物数量较多，明显大于其他监测断面的底栖动物数量，且沙颍河上游监测断面节足动物门的数量最大；在各监测断面中，白龟山水库监测断面的底栖动物数量最多，为 459 个，槐店闸监测断面底栖动物数量最少，仅为 12 个；在沙颍河中下游和淮河干流的多数监测断面中，软体动物门数量大于节足动物门和环节动物门数量，其中临淮岗闸监测断面的软体动物门数量最多，为 64 个，具体变化如图 3-48 所示。

（4）第 4 次实验（2014 年 7 月）

多数监测断面中软体动物门和节足动物门种类数所占比例最大，阜阳闸、

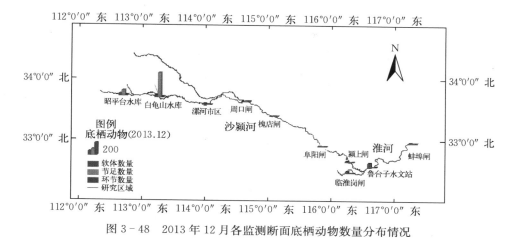

图 3-48 2013 年 12 月各监测断面底栖动物数量分布情况

颖上闸和蚌埠闸监测断面只监测到环节动物门底栖动物；多数监测断面中软体动物门和节足动物门种类数大于环节动物门种类数，具体变化如图 3-49 所示。

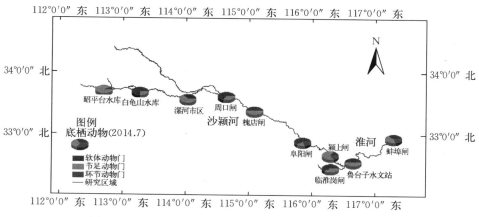

图 3-49 2014 年 7 月各监测断面底栖动物种类分布情况

沙颖河上游（昭平台水库、白龟山水库和漯河市区监测断面）、沙颖河下游的颖上闸监测断面和淮河干流的蚌埠闸监测断面底栖动物数量较多，明显大于其他监测断面，且沙颖河上游的昭平台水库和白龟山水库监测断面节足动物门数量最大，而漯河市区、颖上闸和蚌埠闸监测断面的软体动物门数量较大（图 3-50）；在各监测断面中，白龟山水库监测断面的底栖动物数量最多，为

657 个，槐店闸监测断面数量最少，仅为 4 个；在沙颍河中下游和淮河干流的多数监测断面中，软体动物门数量要大于节足动物门和环节动物门数量，其中颍上闸监测断面的软体动物门数量最多，为 323 个。

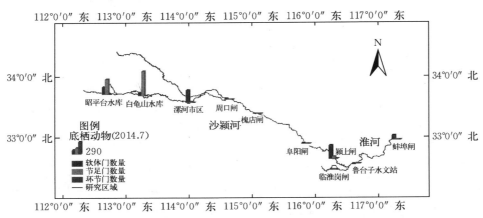

图 3-50　2014 年 7 月各监测断面底栖动物数量分布情况

（5）第 5 次实验（2014 年 12 月）

多数监测断面中节足动物门种类数所占比例最大（图 3-51），除了周口闸、临淮岗闸和鲁台子水文站监测断面，这些断面软体动物门种类数所占比例较大，特别是临淮岗闸监测断面只监测到软体动物门；多数监测断面中软体动物门和节足动物门种类数均大于环节动物门种类数；扁形动物门只出现在昭平

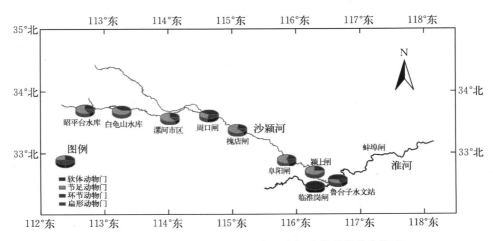

图 3-51　2014 年 12 月各监测断面底栖动物种类分布情况

台水库监测断面，且种类较少；蚌埠闸监测断面未监测到底栖动物。

　　沙颖河上游昭平台水库监测断面和沙颖河中游槐店闸监测断面底栖动物数量较多，明显大于其他监测断面底栖动物数量，且槐店闸监测断面节足动物门数量最大，而昭平台水库、白龟山水库和漯河市区监测断面的软体动物门数量较大（图3-52）；在各监测断面中，槐店闸监测断面的底栖动物数量最多，为317个，蚌埠闸监测断面未采集到底栖动物；扁形动物门只出现在昭平台水库监测断面，其数量为80个。

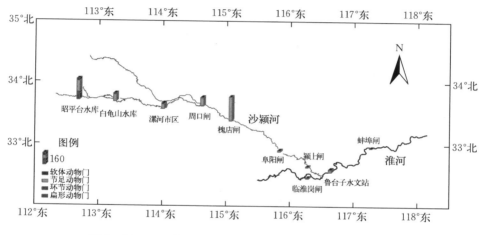

图3-52　2014年12月各监测断面底栖动物数量分布情况

　　总体来说，底栖动物长期生活在底泥中，具有区域性强、迁移能力弱、适应环境污染和变化能力弱等特点。底栖动物多以有机碎屑、藻类和浮游动物等为食，同时其又是鱼类等水体大型动物的食物。底栖动物在受到水体污染影响时，适应性差的种类会迅速减少或者消失，适应性强或者耐污性强的种类则会大量繁殖。从图3-43至图3-52中可以看出，多数实验中，沙颖河上游各监测断面底栖动物的种类数和数量均比较大，而沙颖河中下游多数监测断面的种类数和数量则比较小，如槐店闸监测断面，其底栖动物数量多是最小值（除了第1次实验和第5次实验），分析原因可能是底栖动物受到水体污染程度及水体浮游动植物密度等条件限制，而槐店闸等沙颖河中下游监测断面水体污染比较严重，不利于底栖动物的生长和繁殖。水体中的氮和磷含量是水体营养程度的一个重要指标，底栖动物的种类和数量会受到水体中氮和磷的影响，水体富营养化会导致底栖动物某些种类的消失，但也会增加耐污种的种类和数量。同时，水体酸碱度（pH）、流速等因素也会影响底栖动物的种类和数量，如水体 pH 在 5 以下时，底栖动物会明显减少[110]，但是本书中开展的 5 次实验，pH 的变化范围在 6.5～9.7 之间，比较利于底栖动物生长和繁殖；通常情况下，静水水体中底栖动物的种类和数量均要大于流水水体[111]，如，沙颍河上游各监测断面，特别是昭平台水库和白龟山水库监测断面，其水流速度较小，在一定程度上为底栖动物的生存提供有利的生存条件。

3.6　水质生态学评价及结果分析

水体水质的好坏受到水体中各种污染物浓度的影响，水质情况的好坏对水生生物的群落结构亦会产生一定的影响，同时，水体中水生生物种类和密度对水体水质也具有一定的指示作用，利用各种生物指数亦能够对水体水质进行评价。对此，本节通过对水体理化指标评价水质和生态学评价水质方法进行整理和分析，选择出适用的水质生态学评价方法，并对各监测断面的水质情况进行评价及分析。

3.6.1　水体理化指标评价水质

早期的水质评价主要根据水体的色、味、浑浊等感观性状做定性描述，主观性强。随着科技水平的不断提高，水质评价方法得到不断的补充和发展[112]。目前，国内外水质评价方法多种多样，各具特色。在我国水质评价中，单因子评价方法曾被普遍采用，但该方法会造成各评价指标之间互不联系，不能全面反映水体污染的综合情况。随着对水环境重视程度的增加，单因子评价方法已不能满足生产和科研需求，随之产生水质综合评价方法。目前常用的综合评价方法有评分法、水质综合污染指数法、内梅罗水质指数法、水质质量系数法等，这类方法能够对水质整体做出定量描述，且计算比较便捷，但缺点是不能很好地与国家规定的水质类别相一致，且没有统一的环境质量分级标准。同时，随着模糊数学、灰色理论和计算机技术的发展，在水质综合评价方面涌现出一批新的评价方法，如模糊数学评价法、灰色关联评价法、人工神经网络评价法等。这些评价方法促进水质定量评价理论与具体实践应用的发展，但存在评价和计算过程复杂等问题。

3.6.1.1　常用的理化指标评价方法

目前，水质评价方法很多，按选取评价项目的多少可分为单因子评价方法和综合评价方法。

3.6.1.1.1 单因子评价方法

单因子评价法是目前普遍使用的水质评价方法，它是将各水质浓度指标值与评价标准逐项对比，以单项评价最差项目的级别作为最终水质评价级别。此类方法具有简单明了，可直接了解水质状况与评价标准之间的关系等优点，同时便于给出各评价指标的达标率、超标率和超标倍数等特征值。比较有代表性的单因子评价方法有单项污染指数法、污染超标倍数法等。

（1）单项污染指数法

单项污染指数法是指评价指标的实测浓度值与选定标准值的比值[113]。计算公式为：

$$I_i = \frac{C_i}{C_{si}} \qquad (3.1)$$

式中：I_i 为评价指标 i 的污染指数；C_i 为评价指标 i 的实测值，单位为 mg/L；C_{si} 为评价指标 i 的标准值，单位为 mg/L。

对于逆向指标（随着指标浓度的增大，水质变差），当 $I_i \leqslant 1$ 时，表明该指标能够满足所给定的水质标准；对于正向指标（随着指标浓度的增大，水质变好），如 DO，情况则刚好相反。

（2）污染超标倍数法

污染超标倍数法是依据污染超标倍数来判断水体的污染程度[112]，计算公式为：

$$P_i = \frac{C_i - C_{si}}{C_{si}} = \frac{C_i}{C_{si}} - 1 \qquad (3.2)$$

式中：P_i 为评价指标 i 的超标倍数；其他符号意义同前。

在利用单因子评价方法对水体水质进行评价时，从公式（3.1）和公式（3.2）可以看出，两者没有明显的区别。因此，选择单项污染指数法对水质进行评价。

3.6.1.1.2 综合评价方法

综合评价方法主要是统计和归纳各污染物的相对污染指数，得出一个代表水体污染程度的数值[114]，这类方法能够了解多个评价参数值与标准值之间的综合对应关系。根据实验中检测的水体理化指标和评价方法计算的复杂程度，本书选择综合评价方法中较为常用且计算较为简单的评分法和均值型污染指数进行水质评价，具体的计算方法及评价标准可以参考文献［112］。对内梅罗水质指数法、罗斯水质指数法、模糊数学评价法、灰色关联评价法、集对分析法、人工神经网络评价法等方法不做介绍及应用。

（1）评分法

评分法的求解原理与步骤如下：

① 首先进行各单项指标评价，划分指标所属质量等级。

② 针对等级划分结果，分别确定单项指标评价分值 F_i（表 3-1）。

表 3-1　各等级分值 F_i 表

类别	Ⅰ	Ⅱ	Ⅲ	Ⅳ	Ⅴ
F_i	0	1	3	5	10

③ 按式（3.3）计算综合评价分值 F。

$$F = \sqrt{\frac{\overline{F}^2 + F_{\max}^2}{2}} \tag{3.3}$$

$$\overline{F} = \frac{1}{n} \sum_{i=1}^{n} F_i \tag{3.4}$$

式中：$\overline{F}$ 为各单项指标评分值 F_i 的平均值；$F_{\max}$ 为单项指标评分值 F_i 中的最大值；n 为项数。

④ 根据 F 值，按表 3-2 的规定划分水环境质量级别，如"优良（Ⅰ类）"、"较好（Ⅲ类）"等。

表 3-2　F 值与水环境质量级别的划分

级别	优良	良好	较好	较差	极差
F	<0.80	0.80~2.49	2.50~4.24	4.25~7.19	≥7.20

（2）均值型污染指数法

在单项污染指数法的基础上，可通过相应的综合集成算法对各评价指标的污染指数进行集成，从而求出一个综合指数，这种方法称为多项污染指数法。多项污染指数法包括均值型污染指数法、加权叠加型污染指数、加权均值型污染指数、均方根型污染指数 4 种表达形式，其中均值型污染指数的计算公式如下：

$$I = \frac{1}{n} \sum_{i=1}^{n} I_i \tag{3.5}$$

式中：n 为评价因子的个数；其他符号意义同前。

下面给出均值型污染指数所对应的水质污染程度分级表（表3-3）。

表3-3 水质污染程度分级

I	级别	分级依据
<0.2	清洁	多数项目未检出，个别检出也在标准内
0.2～0.4	尚清洁	检出值均在标准内，个别接近标准
0.4～0.7	轻污染	个别项目检出值超过标准
0.7～1.0	中污染	有两次检出值超过标准
1.0～2.0	重污染	相当一部分项目检出值超过标准
>2.0	严重污染	相当一部分检出值超过标准数倍或几十倍

3.6.1.2 水质评价结果及分析

根据实验中检测的水体理化指标结果，分别利用单项污染指数法、评分法和均值型污染指数法对水体的污染程度进行评价，同时，利用2012年12月实验数据对三种水质评价方法的适用性进行分析。在利用均值型污染指数法进行水质评价时，选择各监测断面对应的水功能区水质目标值作为评价指标的标准值，根据淮河区重要江河湖泊水功能区情况，给出各监测断面对应的水功能区水质目标，如表3-4所示。在进行水质评价时，针对水质目标是区间的情况，如阜阳闸的水功能区控制目标为Ⅲ～Ⅳ类水水质，评价时依据从严原则，选择Ⅲ类水标准作为水质控制目标。依据三种水质评价方法计算出各监测断面水质评价结果如表3-5所示。

表3-4 水功能区水质控制目标

监测断面	昭平台水库	白龟山水库	漯河市区	周口闸	槐店闸	阜阳闸	颖上闸	临淮岗闸	鲁台子水文站	蚌埠闸
水功能区水质目标	Ⅱ类	Ⅲ类	Ⅲ类	Ⅲ类	Ⅲ类	Ⅲ～Ⅳ类	Ⅲ～Ⅳ类	Ⅱ～Ⅲ类	Ⅱ～Ⅲ类	Ⅳ类

表3-5 各监测断面水质评价结果（2012.12）

监测断面	单项污染指数法	评分法	均值型污染指数
D1	Ⅱ类水	优良	中污染
D2	Ⅳ类水	较好	中污染
D3	劣Ⅴ类水	极差	重污染

（续）

监测断面	单项污染指数法	评分法	均值型污染指数
D4	劣V类水	极差	重污染
D5	劣V类水	极差	严重污染
D6	劣V类水	极差	重污染
D7	劣V类水	极差	重污染
D8	劣V类水	极差	重污染
D9	劣V类水	极差	重污染
D10	劣V类水	极差	重污染

单项污染指数法主要依据各指标中最差的评价结果作为该监测断面的最终水质评价结果，若是出现某一指标结果较差时，就会导致该监测断面的水质结果很差，如本次实验中，D3（漯河市区监测断面）～D10（蚌埠闸监测断面）中 TN 浓度值超标，属于劣V类水水平，这就造成这些监测断面的水质评价结果均为劣V类水水平。虽然这种评价方法的评价结果较为严格，但是不利于研究各监测断面的水质变化情况，且没有考虑各监测断面所处水功能区的水质目标要求；评分法是基于单项污染指数法评价结果开展的水质综合评价，虽然其评价结果更为全面和合理，但是其受单项污染指数法评价结果的影响仍然较大；均值型污染指数法则避免上述两种方法的不足。因此，本书利用水体理化指标进行水质评价时选择均值型污染指数法作为评价方法。

利用均值型污染指数法分别评价 2013 年 7 月、2013 年 12 月、2014 年 7 月和 2014 年 12 月的水质评价结果，如表 3－6 所示。从表 3－6 中可以看出，沙颍河上游各监测断面（昭平台水库、白龟山水库和漯河市区监测断面）的水质评价结果较好，一般为"中污染"，但在第 5 次实验（2014.12）中昭平台水库监测断面水质情况为"重污染"、第 3 次实验（2013.12）和第 5 次实验（2014.12）中漯河市区监测断面水质情况为"重污染"、第 2 次实验（2013.7）中白龟山水库监测断面水质状态为"轻污染"。昭平台水库监测断面的水质情况为"中污染"或"重污染"，原因主要是该监测断面水功能区的水质目标值较高，为Ⅱ类水水质；沙颍河中下游各监测断面（周口闸、槐店闸、阜阳闸和颍上闸监测断面）水体的污染程度较高，多数实验中各监测断面的水质均为"重污染"，特别是第 3 次实验和第 5 次实验周口闸监测断面、第 5 次实验槐店闸监测断面的污染程度最大，均为"严重污染"程度；淮河干流各监测断面

（临淮岗闸、鲁台子水文站和蚌埠闸监测断面）的水质情况有所好转，虽然临淮岗闸和鲁台子水文站监测断面的水质情况仍为"重污染"，但其计算结果的数值有所降低，说明水质还是有一定程度的好转，同时其水功能区的水质目标值较高（Ⅱ类水水质），在一定程度上造成其评价结果较差。蚌埠闸监测断面的水质情况较好，多为"轻污染"或"中污染"，主要原因是蚌埠闸监测断面的水功能区控制目标值较低，为Ⅳ类水水平。

表 3-6　不同监测断面不同实验均值型污染指数法水质评价结果

监测断面　　时间	2013.7	2013.12	2014.7	2014.12
昭平台水库（D1）	中污染（0.75）	中污染（0.83）	中污染（0.91）	重污染（1.23）
白龟山水库（D2）	轻污染（0.41）	中污染（0.83）	中污染（0.73）	中污染（0.88）
漯河市区（D3）	中污染（0.91）	重污染（1.29）	中污染（0.90）	重污染（1.17）
周口闸（D4）	重污染（1.27）	严重污染（2.36）	重污染（1.40）	严重污染（2.04）
槐店闸（D5）	重污染（1.51）	重污染（1.55）	重污染（1.34）	严重污染（2.29）
阜阳闸（D6）	重污染（1.28）	重污染（1.16）	重污染（1.19）	重污染（1.41）
颍上闸（D7）	重污染（1.37）	重污染（1.14）	重污染（1.22）	重污染（1.33）
临淮岗闸（D8）	重污染（1.16）	重污染（1.92）	重污染（1.69）	重污染（1.90）
鲁台子水文站（D9）	重污染（1.07）	重污染（1.33）	重污染（1.29）	重污染（1.63）
蚌埠闸（D10）	轻污染（0.66）	中污染（0.85）	中污染（0.73）	中污染（0.97）

3.6.2　水质生态学评价

随着人们对生态系统服务功能认识的逐渐深入和对生态环境质量要求的不断提高，河流或湖泊的水生态系统健康状况越来越受到关注，在利用水体理化指标进行水质评价的同时，也开始注重生态学评价方法的研究及应用，出现了一系列的生态学评价方法。水质生态学评价是指通过对水体中水生生物的调查或对水生生物的直接监测来评价水体的生物学质量，进而反映水体水质的好坏。自 1902 年，德国科学家 Kolkwita 和 Marsson 建立最早的评价水体污染的定性系统开始[115]，随之又提出最早的生物指数（1933 年）[116]、Saprobic 指数（1955 年）[117]、Beck 生物评价指数（1955 年）[116]、改进 Saprobic 指数（1961年）、TBI（Trent Biotic Index）生物指数（1964 年）、BI 指数（Biotic Index）（1972 年）[118]和 HBI 指数（Hilsenhoff Biotic Indec）（1977 年）[119]。除此之外，生物多样性指数的提出进一步促进了水生生物评价的发展，如 Shannon-

Wiener 指数（1968 年）、Margalef 物种丰富度指数（1958 年）、Simpson 指数[120]等。Margalef 物种丰富度指数、Shannon - Wiener 指数和 Simpson 指数等是较为常用的群落多样性指数。在反映物种变化的多样性指数中，Simpson 指数是反映群落优势度较好的一个指数，是对集中性的度量；Margalef 指数是反映物种丰富度的一个指数；Shannon - Wiener 多样性指数比 Margalef 物种丰富度指数和 Simpson 指数更能反映污染状况，其能够反映季节变化，但敏感度不够。

综上所述，生物指数在评价水体污染方面具有一定的优越性，但有些时候生物指数对污染指示不敏感，造成评价结果偏离实际情况。因此，在具体的应用时要将评价方法与周围环境相结合，运用合适的评价方法或多种指数进行综合评价。

3.6.2.1 常用的生物指标水质评价方法

目前，常用的生物指标评价水质的方法主要有一般描述法、指示生物法和生物指数法。一般描述法是根据水体水生生物的组成、种类、数量、生态分布和资源情况等方面的描述，对比该水体的历史资料，对其环境质量状况做出评价，但该方法存在资料的可比性较差、对评价人员要求高、不易标准化等问题；指示生物法是根据调查水体中对有机物或某些特定污染物质具有敏感性或较高耐受力的生物种类的存在或缺失，指示河段中有机物或者某种特定污染物的多寡或降解程度，但该方法是一种定性的评价方法；生物指数法是依据水体污染影响水生生物群落结构的原理，用数学形式表现群落结构的变化状况，从而指示水质好坏的方法，也是目前最为常用的一类评价方法。基于三类方法的优缺点和使用的广泛性，本书中选用 Margalef 物种丰富度指数、Shannon - Wiener 指数和 Simpson 指数作为生物指数法对研究区水质情况进行评价，并运用指示生物法对评价结果进行验证。为了便于与生物指数法评价结果进行对比，选择各监测断面的优势种指示该监测断面的污染情况。

3.6.2.1.1 指示生物法

指示生物法是经典的生物学水质评价方法，可以选择生命期较长且比较固定生活于某处的生物作为指示物种，如静水中可以选择底栖动物或浮游生物；流水中可以用底栖动物或着生生物等，其中大型无脊椎动物是应用最多的指示生物[112]。

① 指示水体严重污染的部分生物：颤蚓类（*Tubificid worms*）、毛蠓（*Psychoda alternata*）、细长摇蚊幼虫（*Tendipes attenuatus*）、绿色裸藻

（*Euglena viridis*）、静裸藻（*E. caudata*）和小颤藻（*Oscillatoria tenuis*）等。

② 指示水体中度污染的部分生物：居栉水虱（*Asellus communis*）、瓶螺（*Physaheteroteropha*）、被甲栅藻（*Scenedesmus armatus*）、四角盘星藻（*Pediastrum tetras*）、环绿藻（*Ulothrix zonata*）、脆弱刚毛藻（*Cladophora fracta*）、蜂巢席藻（*Phormidium favo - sum*）和美洲眼子菜（*Potamogeton americanus*）等。

③ 指示水体清洁的部分生物：纹石蚕（*Hydropsyche* sp.）稚虫、扁蜉（*Heptagenia*）稚虫、蜻蜓（*Anax junius*）稚虫、田螺（*Compeloma decisum*）、肘状针杆藻（*Synedra ulna*）和簇生竹枝藻（*Drapar naldia glomerata*）等。

④ 优势度。采用优势度来确定各监测断面的优势种，采用下式计算：

$$Y = \left(\frac{N_i}{N}\right) f_i \qquad (3.6)$$

式中：f_i 为第 i 种在各监测断面出现的频率；N_i 表示第 i 种个体密度；N 表示样本中所有个体的密度。为将优势种数目控制在一定范围之内，规定 $Y > 0.02$ 时的物种为优势种[121]。

对各监测断面水生生物进行优势种计算，主要是为了定量化指示生物法中指示生物的选择，简化研究区水质的评价过程，即根据确定出的各监测断面优势种的污染指示作用，代表整个监测断面的污染情况。

3.6.2.1.2 生物指数法

（1）Margalef 物种丰富度指数

Margalef 指数适用于浮游植物、浮游动物和底栖动物 3 类生物，是指一个群落或生境中物种数目的多寡[102,122]，是物种丰富程度的一个指数，采用下式计算：

$$D = \frac{S-1}{\ln N} \qquad (3.7)$$

式中：S 表示种类数；其他符号同上。$D < 1.0$ 时表示水体为严重污染；$1.0 \leqslant D < 2.0$ 时表示水体为重度污染；$2.0 \leqslant D < 3.0$ 时表示水体为中度污染；$3.0 \leqslant D < 4.0$ 时表示水体为寡污型污染；$D \geqslant 4.0$ 时表示水体为清洁水体[123]。

D 值的高低表示种类多样性的丰富与匮乏，其值越大表示水质越好。

（2）Shannon - Wiener 多样性指数

Shannon - Wiener 多样性指数适用于浮游植物、浮游动物和底栖动物 3 类生物，采用下式计算：

$$H = -\sum_{i=1}^{S} \left(\frac{N_i}{N}\right) \log_2 \left(\frac{N_i}{N}\right) \qquad (3.8)$$

式中：符号同上。$H<1.0$ 时表示水体为严重污染；$1.0 \leqslant H<2.0$ 时表示水体为重度污染；$2.0 \leqslant H<3.0$ 时表示水体为中度污染；$H \geqslant 3.0$ 时表示水体为清洁水体[123]。

当收集的物种数目越多，多样性指数越大；种类间个体分配越均匀，多样性也会增加。多样性指数值越大，表明水体水质越好。

（3）Simpson 指数

Simpson 指数又称为优势度指数[120]，其反映多样性的反面，即集中性的度量，采用下式计算：

$$d = \frac{N(N-1)}{\sum\limits_{i=1}^{S} N_i(N_i-1)} \qquad (3.9)$$

式中：符号同上。$d<2.0$ 时表示水体为严重污染；$2.0 \leqslant d<3.0$ 时表示水体为重度污染；$3.0 \leqslant d<6.0$ 时表示水体为中度污染；$d \geqslant 6.0$ 时表示水体为清洁水体。

3.6.2.2 水质评价结果及分析

根据水生态实验监测结果，选取第 1 次水生态调查实验（2012 年 12 月）的数据资料分别利用 Margalef 物种丰富度指数（D 指数）、Shannon - Wiener 多样性指数（H 指数）和 Simpson 指数（d 指数）对各监测断面水质情况进行评价，并与指示生物法评价结果进行对比，选择适合于本研究区的水质生态学评价方法。在对浮游植物、浮游动物和底栖动物进行综合生物指数计算时，分别对各生物指数赋予不同权重。通过查阅相关的文献资料，本书中赋予底栖动物生物指数的权重是 0.5，浮游动物的权重是 0.3，浮游植物的权重是 0.2。但是，当出现底栖动物缺失时，对浮游植物和浮游动物的权重进行适当调整，分别将浮游动物和浮游植物的权重调整为 0.6 和 0.4。具体计算结果如表 3 - 7 所示。

表 3 - 7 不同监测断面不同生物指数计算结果及水质评价结果（2012.12）

监测断面	D 指数	污染等级	H 指数	污染等级	d 指数	污染等级
D1	4.09	清洁	3.01	清洁	10.50	清洁
D2	3.66	寡污	2.30	中度	4.22	中度

（续）

监测断面	D 指数	污染等级	H 指数	污染等级	d 指数	污染等级
D3	4.02	清洁	2.91	中度	9.24	清洁
D4	2.37	中度	1.99	重度	3.81	中度
D5	1.55	重度	1.53	重度	3.54	中度
D6	0.52	严重	1.85	重度	2.69	重度
D7	0.92	严重	1.99	重度	3.28	中度
D8	0.92	严重	2.03	中度	4.19	中度
D9	0.59	严重	1.89	重度	3.46	中度
D10	3.64	寡污	2.20	中度	4.07	中度

为了验证选用的各生物指数在本研究区内的评价结果，选择指示生物法对其计算结果进行验证。在选择各监测断面的指示生物时，通过优势度确定各监测断面的优势种，将其作为各监测断面的指示物种，并根据各指示物种的污染指示等级综合判断该断面的水质情况。各监测断面浮游植物、浮游动物和底栖动物优势种为变异直链藻（*Melosira varians*）、颗粒直链藻（*Melosira granulata*）、螺旋颗粒直链藻（*Melosira granulata* var. *angustissima*）、银灰平裂藻（*Merismopedia glauca*）、小型黄丝藻（*Tribonema minus*）、波形扁裸藻（*Phacus undulatus*）、中型脆杆藻（*Fragilaria intermedia*）、简单舟形藻（*Navicula simplex*）、尖针杆藻（*Synedra acus*）、肘状针杆藻（*Synedra ulna*）、双头辐节藻（*Stauroneis anceps*）、多棘栅藻（*Scenedesmus abundans*）、梅尼小环藻（*Cyclotella meneghiniana*）、科曼小环藻（*Cyclotella comensis*）、钝脆杆藻（*Fragilaria capucina*）、两头针杆藻（*Synedra amphicephala*）、卵形隐藻（*Cryptomonas ovata*）、尖尾蓝隐藻（*Cryptomonas acuta*）、谷皮菱形藻（*Nitzschia palea*）、长圆砂壳虫（*Difflugia oblonga*）、中华似铃虫（*Tintinnopsis sinensis*）、螺形龟甲轮虫（*Keratella cochlearis*）、矩形龟甲轮虫（*Keratella quadrata*）、舞跃无柄轮虫（*Accomorpha saltans*）、壶状臂尾轮虫（*Brachionus urceus*）、萼花臂尾轮虫（*Brachionus calyciflorus*）、角突臂尾轮虫（*Brachionus angularis*）、前节晶囊轮虫（*Asplanchna priodonta*）、长肢多肢轮虫（*Polyarthra dolichoptera*）、锯齿真剑水蚤（*Eucyclops macruroides denticulatus*）、无节幼体（*Nauplius larua*）、天角蜉属（*Uracanthella punctisetae*）、秀丽白虾（*Exopalaemon modestus*）、椭圆萝卜螺（*Radix swinhoei*）、

小蟌属 (*Agriocnemis* sp.)、细蜉属 (*Caenis* sp.)、直摇蚊属 (*Orthocladii-nae genus E*)、霍甫水丝蚓 (*Limnodrilus hoffmeisteriLimnodrilus hoffmeis-teri*)、蠓科 (*Ceratopogonidae*)、直突摇蚊属 (*Orthocladius* sp.)、球形无齿蚌 (*Anodonta globosula*)、淡水壳菜 (*Limnoperna fortunei*) 和仙女虫 (*Nais* sp.)。各监测断面的优势种数及其污染指示等级如表 3-8 所示。

表 3-8　不同监测断面优势种数目及水质评价结果

监测断面	o		o-β		β		β-α		α		α-ρ		ρ		水质评价
	种数	比例	种数	比例	种数	比例	种数	比例	种数	比例	种数	比例	种数	比例	
D1	3	25%	3	25%	5	42%	1	8%							o-β
D2	4	40%	3	30%	2	20%	1	10%							o-β
D3	5	28%	2	11%	8	44%	2	11%	1	6%					β
D4	3	21%	3	21%	4	29%	4	29%							β-α
D5	2	15%	2	15%	4	31%	4	31%	1	8%					β-α
D6	3	25%	2	17%	4	33%	2	17%	1	8%					β-α
D7	2	14%	2	14%	8	58%	2	14%							β
D8	3	30%	4	40%	3	30%									o-β
D9	2	15%	3	23%	5	39%	1	8%	2	15%					β-α
D10	2	18%	1	9%	6	55%	2	18%							β

注：o 表示清洁水体或轻污；o-β 表示从轻污到中污；β 表示中污；β-α 表示从中污到重污；α 表示重污；α-ρ 表示从重污到严重污染（多污）；ρ 表示严重污染或多污。

从表 3-8 中可以看出，昭平台水库监测断面（D1）位于沙颍河的上游，受到人类活动的影响较小，从其优势种所占的比例可以看出，"o-β"和"β"所占的比例较大（67%），故该监测断面水体呈现出从"o"到"β"的变化过程，即水体呈现从清洁水体到中污水体的变化；根据同样的分析过程，依次可以得出剩余 9 个监测断面的水质情况。从指示生物法评价水体水质的结果可以看出，其评价结果与 Shannon-Wiener 多样性指数（H）的评价结果较为符合，同时与均值型污染指数评价结果也较为接近。因此，Shannon-Wiener 多样性指数与 Margalef 物种丰富度指数和 Simpson 指数相比，在本研究区域内该方法的适用性更强，选择该方法作为评价生物多样性情况及水质生态学评价方法。利用 Shannon-Wiener 多样性指数评价 2013 年 7 月、2013 年 12 月、2014 年 7 月和 2014 年 12 月的水质情况，如表 3-9 所示。

表 3 - 9   不同实验中各监测断面 Shannon - Wiener 多样性指数水质评价结果

监测断面 \ 时间	2013.7	2013.12	2014.7	2014.12
D1	中污染（2.86）	中污染（2.96）	重污染（1.76）	中污染（2.51）
D2	重污染（1.34）	重污染（1.76）	重污染（1.62）	中污染（2.03）
D3	重污染（1.83）	中污染（2.63）	重污染（1.38）	中污染（2.50）
D4	中污染（2.42）	中污染（2.77）	重污染（1.14）	严重污染（0.94）
D5	重污染（1.89）	重污染（1.90）	重污染（1.59）	重污染（1.71）
D6	重污染（1.63）	中污染（2.54）	重污染（1.91）	中污染（2.06）
D7	中污染（2.42）	重污染（1.83）	重污染（1.50）	中污染（2.16）
D8	重污染（1.64）	重污染（1.30）	中污染（2.14）	重污染（1.56）
D9	重污染（1.98）	重污染（1.93）	重污染（1.50）	重污染（1.73）
D10	重污染（1.41）	中污染（2.74）	重污染（1.36）	重污染（1.57）

从表 3 - 7 和表 3 - 9 中 Shannon - Wiener 多样性指数计算结果可以看出，多数情况下沙颍河中下游各监测断面（D4～D7）的生物多样性较差，其最小值出现在第 5 次实验（2014.12）的周口闸监测断面（D4），为 0.94；沙颍河上游的昭平台水库监测断面（D1）的生物多样性情况较好，一般均好于其他监测断面，除第 4 次实验（2014.7）之外，最大值出现在第 1 次实验（2012.12）的昭平台水库监测断面，其值为 3.01。但是，多样性指数受到水体水生生物种类多少、密度大小及其分布的均匀程度影响较大，故在评价水质时，亦需考虑水体中理化指标的含量，以便于对水质情况进行综合分析。

4 沙颖河槐店闸调控水环境影响实验

本书在研究闸坝调控对河流水环境和水生态影响的过程中，从流域整体的视角转换到微观的典型闸坝案例，选择污染严重、水环境和水生态问题突出的典型闸坝——槐店闸为研究对象，开展闸坝的短期调控与长期调控实验，分析在闸坝不同调控方式影响下，河流水量—水质—水生态的变化特征，并基于现场监测及室内检测的基础上，分别对 2010 年、2013 年和 2014 年闸坝调控现场实验的基本情况及实验结果进行了论述与分析。

4.1 实验概述

沙颖河槐店闸位于河南省周口市沈丘县槐店镇，上距周口市 60 km，下距豫皖边界 34 km，控制流域面积 28 150 km²。浅孔闸（18 孔，每孔宽 6 m）于 1959 年兴建，深孔闸（5 孔，每孔宽 10 m）于 1969 年兴建。深、浅孔两闸设计防洪流量为 20 年一遇（3 200 m³/s），校核防洪流量为 200 年一遇（3 500 m³/s）；设计灌溉面积达 6.6 万 hm²，正常灌溉水位 38.50～39.50 m，最高灌溉水位 40.00 m，防洪水位为 40.88 m，正常蓄水量为 3 000 万～3 700 万 m³，最大蓄水量为 4 500 万 m³。槐店闸主要由浅孔闸、深孔闸、船闸三部分组成，浅孔闸长期保持小流量下泄，深孔闸只在洪水期供泄洪使用，船闸为正常通航使用。水流受到闸门的阻挡，闸前流速小，便于污染物的沉降；闸后有消能、曝气工程，利于污染物的混合与降解[88]。

为了研究不同调控方式下河道水体水文及水质变化特征，郑州大学左其亭和窦明研究团队分别于 2010 年 3 月 3—6 日、10 月 7—11 日、2013 年 4 月 5—8 日和 2014 年 11 月 16—19 日在槐店闸进行 4 次大规模闸坝调控现场实验[88,89,124]，为开展水环境情况评价及模拟提供基础资料。实验中，对河流水体流速、水深、水温、水位、DO、水质指标（COD_{Cr}、TP、TN、BOD_5）等参数进行现场监测和室内检测。自 2014 年开始，结合研究团队持续开展的淮河中上游流域水生态调查工作，在槐店闸闸坝调控实验中增加了水生态指标的监测和分析，2015 年和 2016 年均持续进行了闸坝调控条件下的水生态监测分析，通过基础资料收集和积累，逐步探索闸坝调控对河流水生态健康的影响研究。

4.2 实验过程及分析

4.2.1 2013 年 4 月实验

4.2.1.1 实验设计

（1）实验目的

实验目的在于调查分析闸坝调度对闸控河段水流情势的影响作用，收集不同调度方式下的水动力特征参数；监测闸坝在各种运行情况下的水质浓度时空分布过程，研究污染物在水体、悬浮物、底泥等不同载体之间的转化规律；提出闸坝调度对水环境的作用机理，分析在不同调度方式下的污染物转化驱动机制。

（2）实验内容

实验主要内容：①依据槐店闸的允许调度能力，设定不同的闸坝调度方式；②确定实验范围、布设监测断面和监测点；③设计具体的实验操作方法，包括水体样品、上层覆水样品、底泥样品的采集及保存方法，岸边监测、室内检测等方法，以及水深、流速等测量方法；④监测槐店闸浅孔闸在不同调度方式下的水体、悬浮物和底泥污染物浓度时空分布过程、分析闸坝调度对污染物浓度变化的作用机理。

实验研究范围包括自槐店闸闸上公路桥至下游槐店水文站控制断面的河道，监测范围达 2 300 m。实验中沿用前两次（2010 年 3 月和 2010 年 10 月）实验布设的断面（略有调整），共设置 5 个监测断面（Ⅰ、Ⅲ、Ⅳ、Ⅵ、Ⅶ）、5 个监测点（1#、5#、7#、12#、13#），进行 7 次系统采样，共采集 28 个水样、3 个底泥样和 4 个上层覆水样，现场对每个水样进行 pH 值和水温测定，对部分水样进行氨氮（NH_3 - N）和化学需氧量（COD_{Cr}）检测，同时利用 HACH 水质监测组件和 Hydrolab DS5 藻类自动监测仪器对闸上下游水质进行了监测。监测的采样断面及采样点布设情况如图 4 - 1 所示。

（3）实验过程

2013 年 4 月 5—8 日，在槐店闸实验现场进行实验。按照实验设计及计划，将实验团队分成了闸上监测组、闸下监测组、岸边监测组和室内检测组四

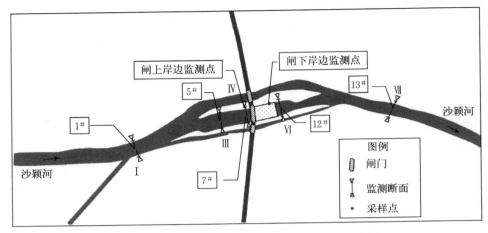

图 4-1　现场实验中采样断面及采样点布设示意图

组，每组使用不同的监测设备，承担不同的监测任务。闸上监测组的监测区域主要在槐店闸上游 I 断面（槐店闸闸上公路桥以上数十米、排污口以下数米处）和 IV 断面（闸前 10～20 m）之间，监测项目包括水体取样（表层水和上层覆水取样）、底泥取样和水动力指标监测；闸下监测组的监测区域为 VI 断面（闸后河流汇合前 5 m 处）和 VII 断面（闸下水文站断面处）之间，现场监测过程中，先由闸上监测组依次对 I 断面和 IV 断面进行水质监测，再由闸下监测组依次对 VI 断面和 VII 断面进行水质监测，各断面的水质监测之间有一定的时间间隔。监测项目包括水体取样（表层水取样）、底泥取样和水动力指标监测；岸边监测组分别在闸上左岸水文信息采集室处和闸下消力池左岸，对 pH、水温、溶解氧（DO）、氧化还原电位（ORP）、电导率和藻类（PCY）等进行监测；室内检测组主要对取回的部分水样进行检测，检测指标主要包括水体 pH 值、COD_{Cr} 和 $NH_3 - N$。具体实验监测过程如表 4-1 所示。

（4）实验仪器与监测方法

实验仪器：PHS-25 型 pH 计、LGY-II 型智能流速仪、HSW-1000DIG 型便携式超声波测深仪、温度计、DR2800 型 COD_{Cr} 检测仪、PC-II 型便携式氨氮测定仪、HACH 水质监测组件、Hydrolab DS5 仪器、自制抓斗式底泥采样器、自制上层覆水采样器、聚乙烯水壶、塑料袋等。

水样监测：在现场利用流速仪、测深仪和温度计对采样点的流速、水深及水温等参数进行监测，同时用聚乙烯水壶取相应监测点表层水样，取样深度为

表4-1 实验监测取样过程

时间	闸门调度方式	实验内容				备注
		水体取样	底泥取样	现场监测	室内检测	
20130405下午	8孔30cm	闸上:1#和7#;7#加测上层覆水取样;闸下:12#和13#	闸上:1#和7#;闸下:13#		pH:1#,7#,12#和13#;COD_{Cr}和NH_4-N:12#	水体取样时需同时监测流速、水温、水深等指标;现场监测指标:pH、水温、DO、ORP、电导率和藻类
20130406上午	6孔50cm	闸上:1#和7#;闸下:12#和13#	无		pH:1#,7#,12#和13#;COD_{Cr}和NH_4-N:12#	
20130406下午	6孔50cm	闸上:1#和7#;增补Ⅲ断面5#点进行上层覆水取样;闸下:12#和13#	无		pH:1#,7#,12#和13#;COD_{Cr}和NH_4-N:1#和12#	
20130407上午	4孔70cm	闸上:1#和7#;Ⅲ断面5#点上层覆水取样;闸下:12#和13#	无	闸上在Ⅳ断面附近的左岸	pH:1#,7#,12#和13#;COD_{Cr}和NH_4-N:12#	
20130407下午	4孔70cm	闸上:1#和7#;闸下:12#和13#	无	闸下在Ⅵ断面附近的左岸	pH:1#,7#,12#和13#;COD_{Cr}和NH_4-N:1#和12#	
20130408上午	4孔10cm	闸上:1#和7#;闸下:12#和13#	无		pH:1#,7#,12#和13#;COD_{Cr}和NH_4-N:12#	
20130408下午	闸门全关	闸上:1#和7#;5#点上层覆水取样;闸下:12#和13#	无		pH:1#,7#,12#和13#;COD_{Cr}和NH_4-N:1#和12#	

0～0.2 m。取样后现场测定水样的 pH、NH_3-N 浓度值和 COD_{Cr} 浓度值，并统一送回实验室进行水质分析，分析项目为高锰酸盐指数（COD_{Mn}）、NH_3-N、五日生化需氧量（BOD_5）、硝酸盐氮、总磷（TP）和总氮（TN），参照《水和废水监测分析方法》（第四版）[100]和《水环境监测规范》（SL 219-2013）[107]。此外，利用 HACH 水质监测仪器对水体中的 DO、ORP、电导率、叶绿素 a 和藻类等指标进行监测。

底泥上清液监测：用自制抓斗式底泥采样器采集河底沉积物的表层样品，采样深度为 0～0.15 m，置于塑料袋中密封保存。取样后取新鲜底泥 100 g 平铺于烧杯底部，置于连续搅拌装置上进行搅拌，搅拌的同时缓慢均匀加水 500 mL。加水后持续搅拌 30 min，搅拌后静置 1 h，取上清液，再测定 COD_{Mn}、NH_3-N、硝酸盐氮、TP 和 TN，分析方法同上。

悬浮物监测：利用自制的上层覆水采样器，获取距离河底约 0.15 m 处的悬浮物样品，置于聚乙烯水壶中密封保存。取样完成后将样品送至实验室进行检测，取 500 mL 水样过滤，获得相应的悬浮物含量，之后将过滤出的悬浮物溶于 250 mL 纯水，并置于连续搅拌装置上搅拌 30 min，取上清液分析，测定悬浮物含量及其中 COD_{Mn}、NH_3-N、硝酸盐氮、TP 和 TN 等指标的含量，分析方法同上。

4.2.1.2 2013 年 4 月实验结果分析[88]

（1）水质实验结果

为了进一步分析不同调度方式下各监测断面污染物浓度的变化趋势，选择闸上干流（Ⅰ 断面）、闸上浅孔闸附近（Ⅳ 断面）、闸下三级消力坎末端（Ⅵ 断面）、闸下干流（Ⅶ 断面）4 个代表性监测断面，但受到现场条件和时间的限制部分指标只监测了 3 个或 2 个断面，在闸门不同开度调度方式下将各监测断面监测的污染物浓度点绘在同一个图中，实验结果如图 4-2 所示。

从图 4-2 中可以看出，实验中各监测断面的水质情况具有以下特点：① COD_{Mn} 浓度处于 Ⅱ 类～Ⅲ 类水水平，NH_3-N 浓度处于 Ⅳ 类～劣 Ⅴ 类水水平，BOD_5 含量处于 Ⅲ 类～Ⅳ 类水水平，TP 浓度处于 Ⅲ 类水水平，TN 浓度处于劣 Ⅴ 类水水平，总体水质处于 Ⅴ 类水水平，水质仅能满足河流沿岸的农业灌溉需求；②在多数调度方式下，COD_{Mn} 浓度在闸前持续上升，到闸门附近升至最高，闸门至三级消力坎末端断面下降，三级消力坎末端至水文站断面又逐渐上升，只有调度方式（4 孔 70 cm）的变化情况与之相反；多数调度方式下，NH_3-N 浓度的变化表现出与 COD_{Mn} 浓度不同的变化趋势，但调度方式 8 孔

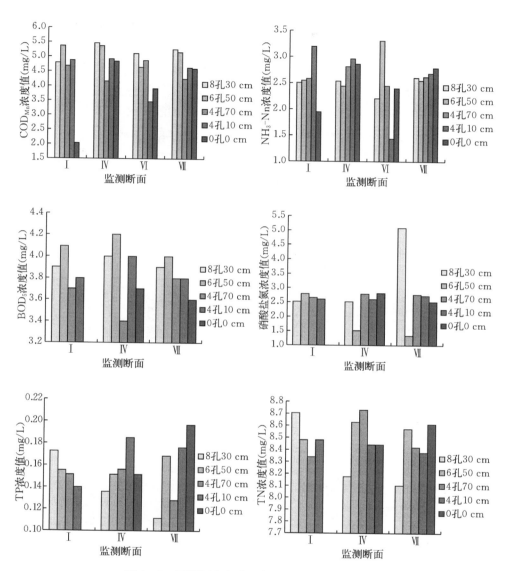

图 4-2　不同调度方式下各污染物浓度变化情况

30 cm 和 0 孔 0 cm 的变化情况与之相同；BOD$_5$ 和 TN 浓度值受到闸坝调度方式的影响较小，变化率均在 10% 左右，而硝酸盐氮和 TP 受到闸坝调度方式的影响较为明显，如调度方式 8 孔 30 cm 的情况下，硝酸盐氮浓度有个明显的升高过程，浓度值增加了 1 倍左右。同时，从图 4-2 中还可知，在 4 孔 10 cm

的调度方式下，水体中的 NH_3-N 从Ⅰ断面到Ⅶ断面总体上呈下降趋势，而硝酸盐氮呈现逐步升高的趋势，这主要由于水体中 DO 浓度较高，且 pH 在 7.7 左右，有利于硝化作用的进行，促进了 NH_3-N 向硝酸盐氮的转化，表明了在该调度方式下水体已经趋向自净，因此，在本实验条件下，槐店闸日常调度时可参照其调度方式运行。

在对河流中各监测断面水体进行监测的同时，利用 HACH 水质监测仪器在河流岸边对表层水体中的 ORP、DO、电导率、叶绿素 a 和蓝绿藻（PCY）等指标进行了监测，主要研究闸坝的不同调度方式对水体中藻类等指标的影响，各指标监测值随调度方式的变化情况如图 4-3 所示。

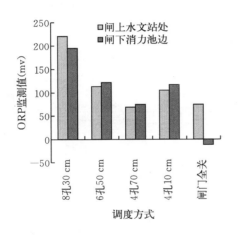

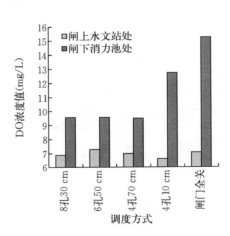

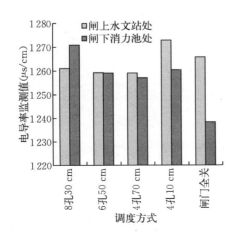

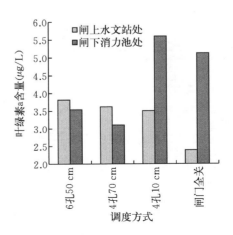

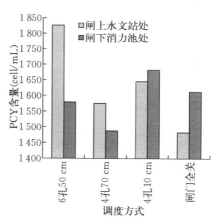

图 4-3　各监测指标随调度方式的变化图

从图 4-3 可知，ORP、电导率及 PCY 指标在闸上和闸下具有相同的变化趋势，但在数据变化程度及具体数值等方面略有不同。在各调度方式情况下，上下游监测点的 ORP 值相差不大，只有闸门全关调度方式下两者相差较大，此时闸下水体呈现了还原性，不利于水体中有机物的分解；水体电导率能够反映出水的导电性，水的导电性又能够反映水体溶解性总固体浓度的大小，而溶解性总固体值表示水中溶解物杂质含量，其值越大，说明水中的杂质含量大，反之，杂质含量小。从电导率子图可以看出，闸门小开度或关闭情况下，闸下水体经过闸坝调度的调节，水中杂质含量有个明显减小的趋势；由 PCY 含量子图可知，在闸门大开度（6 孔 50 cm 和 4 孔 70 cm）的情况下，闸上的 PCY值要大于闸下的值，这可能是由于闸下的水流速度较大，不利于藻类的生存，而在闸门小开度甚至关闭时，闸下 PCY 监测值要大于闸上的值，造成这种现象的原因可能是闸下流速变小且水深较浅，更利于藻类的生存。

（2）底泥变化规律分析

为了进一步了解闸坝调度对底泥产生的影响以及底泥与水体的交换作用，在 4 月 5 日下午（闸坝调度方式为 8 孔 30 cm），对闸坝上下游的Ⅰ、Ⅳ和Ⅶ 3个断面分别进行了底泥取样，作为研究的背景值，各监测指标浓度值随监测断面变化情况如图 4-4 所示。

由图 4-4 可知，硝酸盐氮、TP 和 TN 在闸坝前后河段经历了先升高后下降的变化过程。造成这种现象的原因主要是：①水流由于受到闸门挡水作用的影响，流速逐渐变缓，水体中的泥沙等固体颗粒物发生沉淀。在来水水质较差

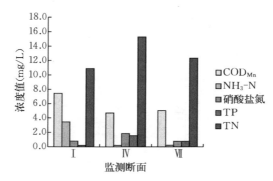

图 4-4 底泥中各污染物浓度随监测断面的变化图

时，水体中的污染物会随着固体颗粒物一起沉积，进而造成闸前底泥中污染物含量的增加；②水体流经闸孔泄入闸后消力坎这一过程中，水流冲刷作用强烈，固体颗粒和污染物很难发生沉降，无须考虑底泥污染；③闸后三级消力坎至闸后干流范围内，河流中心的流速最大，这一区域内污染物固体颗粒沉降速度较慢，底泥受污染的程度较闸前小很多。但是，COD_{Mn} 和 NH_3-N 浓度的变化情况明显与上述过程不符，其在闸前河段有个明显的下降趋势。

（3）悬浮物变化规律分析

本次实验中，对闸上浅孔闸附近采样点进行了悬浮物取样，主要是为了分析不同闸坝调度方式下闸前悬浮物污染物含量的变化情况，分析闸坝对上层覆水的影响。在闸门不同开度的调度方式下将该监测点的各种污染物浓度点绘在同一个图中，各监测指标浓度值随调度方式的变化情况如图 4-5 所示。

由图 4-5 可知，虽然各监测指标随着调度方式的改变，变化趋势出现了一定的波动，但整体上都呈现下降的趋势。在 8 孔 30 cm 的调度方式下，悬浮物含量和污染物浓度值都比较大，但随着调度方式的改变，闸门前后的流速和流量发生了变化，造成了悬浮物含量及其污染物浓度的变化，但是部分污染物浓度最小值不是出现在闸门全关的调度方式下，而是出现在 4 孔 70 cm 的调度方式中，但此时悬浮物含量则要明显大于闸门全关调度方式时的值，造成这种现象的原因可能是水流对悬浮物的扰动较大，加快了污染物的释放，造成了悬浮物中的污染物浓度降低。

（4）污染物在不同介质间的变化规律分析

在现场实验监测过程中，为了分析污染物在不同介质之间的变化情况，对闸前受到闸坝调控影响最大的Ⅳ断面分别进行了底泥、悬浮物和水体的取样和

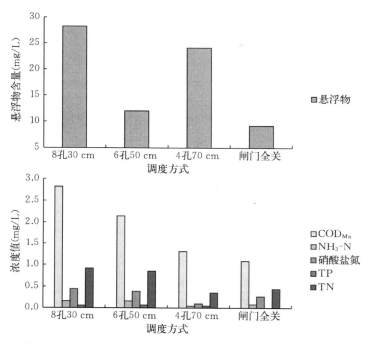

图 4-5　悬浮物含量及其中各指标浓度值随调度方式的变化图

监测，其污染物浓度变化情况如图 4-6 所示。在现状调度方式（8 孔 30 cm）条件下，水体可能对底泥产生了冲刷，加速了底泥的再悬浮和污染物的释放，进而造成了水体污染物含量增加，如图 4-6 所示，在 Ⅳ 断面 7 ＃ 监测点除了监测指标 TN 和 TP 之外，其他指标浓度大小的顺序为：悬浮物（D）＜底泥（S）＜水体（W），这就说明了水体的扰动能够促进底泥和悬浮物中污染物的释放，造成水体的二次污染。

（5）闸坝对污染物运移规律的影响分析

为了分析闸坝对污染物运移规律的影响，根据实验中布设的监测断面，将槐店闸上下游河段划分为 3 个典型河段，对比分析了闸坝在不同调度方式下典型河段的水质变化情况。从前文分析结果可以看出，调整闸门开度以后，典型河段的水质变化情况出现了较大的差异，改变了原有污染物浓度的变化趋势。受到闸坝泄水对底泥和悬浮物的扰动作用，能够使吸附在固体颗粒上的污染物与水体发生物质交换，促进固体颗粒上的污染物向水体释放，形成二次污染。根据本次实验的监测过程和监测数据可知，底泥和悬浮物的二次污染主要受到以下两方面因素的影响。

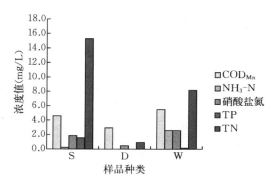

图 4-6　Ⅳ断面不同样品（底泥、悬浮物、水体）中污染物浓度变化图

① 流量。根据实验监测结果，当河流流量较小（闸门开度较小或开启的孔数少）时，即河流流速小于泥沙起动流速，河流底泥和悬浮物不易起动，河流底泥或悬浮物释放污染物的速率较小，多以静态释放为主，且在一定流速范围内，污染物的释放速率不随流速变化而改变；当闸坝下泄流量较大（闸门开度大或开启的孔数多）时，即河流流速大于泥沙的起动流速，会造成底泥和悬浮物的剧烈扰动，加速其中污染物的释放。如图 4-6 中各监测结果所示，大流量条件下（8 孔 30 cm）能够促进底泥和悬浮物中污染物的释放。因此，槐店闸日常调度时应保持小开度（如实验中的 4 孔 10 cm）下泄水流。

② 水深。水深在一定程度上会影响水流的冲刷强度，在相同流量情况下，水深较大时，水流对河床的冲刷作用较小，底泥和悬浮物中污染物的释放速率也较小；水深较小时，水流就会对河床产生冲刷，促进底泥的再悬浮，加速底泥和悬浮物中污染物的释放，使水体二次污染的程度加重。正如图 4-4 监测结果所示，多数调度方式下，闸上Ⅳ断面处的 COD_{Mn} 和 NH_3-N 浓度值均大于Ⅰ断面处的监测值，造成该现象的原因是闸前Ⅳ断面处水深较小（5 m 左右），同流量条件下对底泥的冲刷要大于Ⅰ断面（11 m 左右），加速了底泥和悬浮物中污染物的释放；闸下Ⅵ断面处的 COD_{Mn} 和 NH_3-N 浓度值要小于Ⅶ断面的浓度值，主要由于Ⅵ断面水深小、流速大，水流对该处冲刷剧烈，底泥固体颗粒很难发生沉降，水体缺少了底泥中污染物的释放，造成了该监测断面浓度值较小。

4.2.2　2010 年和 2013 年水环境实验综合研究

4.2.2.1　实验方案设计

为了掌握闸坝调度对河流水质的影响，分别于 2010 年 3 月 3—6 日、2010 年 10 月 7—11 日和 2013 年 4 月 5—8 日在淮河支流沙颍河上的槐店闸开展了三次现场实验，分别记为实验 A、实验 B 和实验 C。三次实验的总体目标都是为了研究闸坝调度对河流水质的影响，但是在具体的研究内容、闸坝调度方式、监测断面和取样点等方面略有不同。实验 A 的研究内容是监测槐店闸在不同调度方式下的水体和底泥污染物浓度空间分布过程、分析闸坝调度运行对污染物浓度变化的作用机理；实验 B 是在不同调度方式下取水样监测闸坝前后污染物负荷变化情况，并分别在闸坝前后选取重点断面详细测定断面资料；实验 C 是调查分析闸坝调度对闸控河段水流情势的影响作用，收集在不同调度方式下的水动力特征参数；监测在闸坝各种运行情况下的水质浓度时空分布过程，研究污染物在水体、悬浮物、底泥等不同载体之间的转化规律；分析在不同调度方式下的污染物转化驱动机制。下面将从监测断面和取样点、监测取样过程、实验仪器和监测方法等方面分别对三次实验进行论述。

4.2.2.2　监测断面和取样点

在进行实验计划编制时，三次实验均设置了 7 个断面，每个断面设置了 3 个取样点，但在实际操作过程中，根据现场情况，对取样断面和取样点进行了简化。实验 A 中，在槐店闸闸上和闸下共设置 6 个监测断面、12 个监测点（与实验 B 相比，少了监测点 $12^{\#}$、$13^{\#}$、$14^{\#}$），进行 3 次系统采样、3 次补充采样，共采集 39 个水样、3 个底泥，现场对每个水样进行浊度和 pH 测定；在实验 B 中共设置 7 个监测断面、15 个采样点，进行 5 次系统采样、4 次补充采样，共采集水样 99 个，现场对每个水样测定温度、浊度和 pH；实验 C 中共设置了 5 个监测断面、5 个监测点，进行 7 次系统采样，共采集 18 个水样、3 个底泥样和 4 个上层覆水样，现场对每个水样进行水温和 pH 测定，同时利用 HACH 水质监测组件和 Hydrolab DS5 藻类自动监测仪器现场对闸上下游水质进行了监测。监测断面和取样点具体设置情况如图 4 - 7 所示。

4.2.2.3　监测取样过程

三次实验中均进行了不同调度方式下的水质监测，只是在闸门开度及开启的闸门数方面略有不同。

实验 A：实验的监测取样过程分为三个部分：第一步，进行现状调度方式（闸门开度 20 cm）下的水质和底泥采样监测实验；第二步，进行闸门开度减小（闸门开度 10 cm）方式下的水质采样监测实验；第三步，进行闸门开度增大（闸门开度 50 cm）方式下的水质采样监测实验。实验监测指标分为现场监测指标（水温、流速、水深、浊度及 pH 值）和室内检测指标（COD_{Cr}、NH_3 - N 和 COD_{Mn}）。

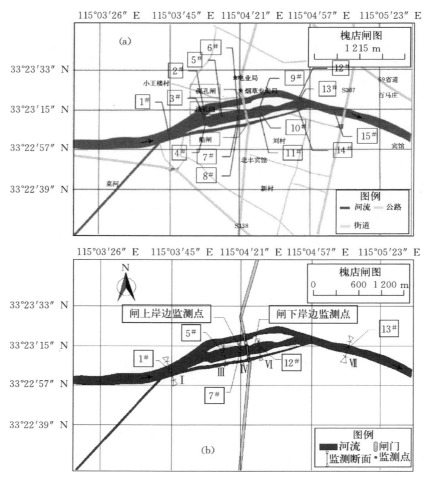

图 4-7　实验监测断面和取样点分布图

注：（a）实验 A 和实验 B；（b）实验 C。

　　实验 B：在实验中设置了闸门全开式、集中下泄式两种调度方式，每种调度方式分别选取大小两种不同的开度。第一步，开展现状调度方式（浅孔闸 18 孔全开 20 m，深孔闸 12 孔全开 50 m）下的水质采样监测实验；第二步，开展集中下泄式小开度（浅孔闸开启中间 10 孔开度 40 m、深孔闸关闭）、集中下泄式大开度（浅孔闸开启中间 10 孔开度 80 m、深孔闸关闭）下的水质采样监测实验；第三步，开展全开式大开度（浅孔闸 18 孔全开 80 m、深孔闸关闭）、全开式小开度（浅孔闸 18 孔全开 40 m、深孔闸关闭）下的水质采样监测实验。实验监测指标分为现场监测指标（水温、流速、水深、浊度及 pH 值）和室内检测指标（COD_{Mn} 和 $NH_3 - N$）。

实验 C：在实验中共设置了三种调度方式，每种调度方式下选取了不同的闸门开度及闸门孔数。第一步，开展现状调度方式（浅孔闸中间 8 孔开度 30 cm）下的水质、悬浮物和底泥采样监测实验；第二步，开度增大调度方式（浅孔闸中间 6 孔开度 50 cm 和中间 4 孔开度 70 cm）下的水质和悬浮物采样监测实验；第三步，开度减小调度方式（中间 4 孔开度 10 cm 和全部关闭）下的水质和悬浮物采样监测实验。实验监测指标分为现场监测指标（水温、流速、水深、pH 值、DO、ORP、电导率、叶绿素 a 和 PCY）和室内检测指标（COD_{Cr}、COD_{Mn}、$NH_3 - N$、BOD_5、硝酸盐氮、TP、TN 和悬浮物含量）。

4.2.2.4 实验结果介绍

根据槐店闸三次现场实验的取样及监测情况，结合国内外在闸坝调度对水环境影响方面的研究成果，拟主要从 COD_{Mn} 和 $NH_3 - N$ 两个指标对水体监测结果进行介绍和总结。为了进一步分析不同调度方式下各监测断面污染物浓度的变化趋势，选择闸上干流、闸上浅孔闸附近、闸下三级消力坎末端、闸下干流 4 个代表性监测断面，这 4 个断面将槐店闸上下游河段分成 3 个典型河段。三次实验中只有实验 B 的现状调度方式下深孔闸处于开启状态，其余调度方式则只有浅孔闸开启。在不同闸门数量、不同闸门开度的调度方式下将各监测断面中泓监测点的 COD_{Mn} 和 $NH_3 - N$ 两种污染物浓度分别点绘在同一个图中，水体监测指标实验结果如图 4-8 至图 4-13 所示。

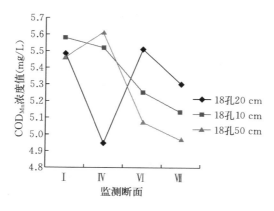

图 4-8 实验 A 中 COD_{Mn} 随调度方式的变化情况

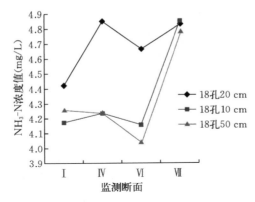

图 4-9　实验 A 中 NH$_3$-N 随调度方式的变化情况

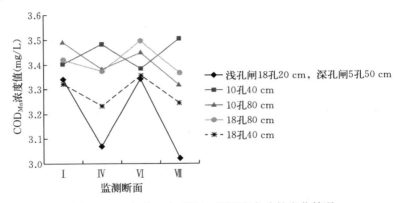

图 4-10　实验 B 中 COD$_{Mn}$ 随调度方式的变化情况

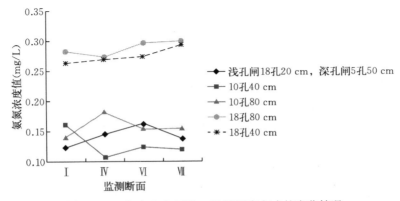

图 4-11　实验 B 中 NH$_3$-N 随调度方式的变化情况

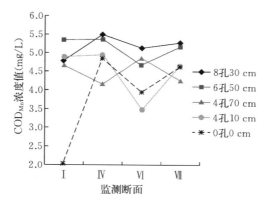

图 4-12 实验 C 中 COD_{Mn} 随调度方式的变化情况

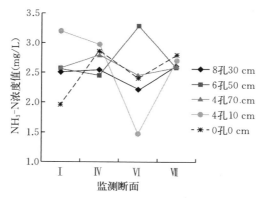

图 4-13 实验 C 中 $NH_3 - N$ 随调度方式的变化情况

从图 4-8 至图 4-13 可以看出实验中各监测断面的水质情况具有以下特点：①不同的调度方式对 COD_{Mn} 均有较明显的影响。实验 A 和实验 B 中多数调度方式条件下，浓度在闸前持续下降，到闸门附近降至最低，闸门至三级消力坎末端断面上升，三级消力坎末端至水文站断面又逐渐下降，但实验 A 中浅孔闸 18 孔全开 10 cm、浅孔闸 18 孔全开 50 cm 和实验 B 中浅孔闸中间 10 孔 40 cm 三种调度方式不符合该规律；而实验 C 多数调度方式对水体的影响规律与前两次的相反，浓度在闸前持续上升，到闸门附近升至最高，闸门至三级消力坎末端断面下降，三级消力坎末端至水文站断面又逐渐升高，但浅孔闸中间 4 孔 70 cm 的调度方式除外。②$NH_3 - N$ 浓度受闸坝调度方式的影响也较大。多数调度方式（占总调度方式的 46.2%）使得水体污染物浓度在闸前持续上升，闸门至三级消力坎末端断面下降，三级消力坎末端至水文站断面又逐渐升高；占总调度方式 23.1% 的调度方式使得水体污染物浓度在闸前持续下降，到闸门附近降至最低，闸门至三级消力坎末端断面上升，三级消力坎末端至水文站断面又逐渐下降；其余调度方式则规律性不强。③38.5% 的调度方式使得 COD_{Mn} 和 NH_3-N 的变化趋势相反；15.4% 的调度方式下两者的变化趋势相同；其余调度方式则无明显的规律性；同时，实验 A 中 COD_{Mn} 和 NH_3-N 的监测结果均大于其余两次的实验结果，其中实验 B 的实验结果最小[89]。

4.2.2.5　模拟情景分析

（1）模型简介

根据槐店闸现场条件，综合对比各种水质模型，选择美国环境保护局 Athens 实验室开发的一种水质模型系统 WASP（The water quality analysis simulation program）。WASP 水质分析模拟程序能够用于不同环境污染决策系统中分析和预测由于自然和人为污染造成的各种水质状况，可以模拟水文动力学、河流一维不稳定流、湖泊和河口三维不稳定流、常规污染物（包括溶解氧、生物耗氧量、营养物质以及海藻污染）和有毒污染物（包括有机化学物、金属和沉积物）在水中的迁移和转化规律[125]。

WASP7 模型包括 DYNHYD5 和 WASP7 两个独立的计算子程序。DYN-HYD5 是水力学计算程序为 WASP7 传输所需的水力学参数；WASP7 提供 EUTRU 和 TOXI 两类水质模型子程序，分别用来解决两类水质问题。传统的水质问题，由 EUTRU 子模块来完成，包括 BOD、DO、P、N 等；有毒污染问题，由 TOXI 子模块来完成，包括有机污染物、重金属、底泥等。

WASP 水质模块的基本方程是一个平移—扩散质量迁移方程，它能描述任一水质指标的时间和空间变化。在方程里除了平移和扩散项外，还包括由生物、化学和物理作用引起的源漏项。对于任一无限小的水体，水质指标 C 的质量平衡式为：

$$\frac{\partial C}{\partial t} = -\frac{\partial}{\partial x}(U_x C) - \frac{\partial}{\partial y}(U_y C) - \frac{\partial}{\partial z}(U_z C) + \frac{\partial}{\partial x}\left(E_x \frac{\partial C}{\partial x}\right) +$$

$$\frac{\partial}{\partial y}\left(E_y \frac{\partial C}{\partial y}\right) + \frac{\partial}{\partial z}\left(E_z \frac{\partial C}{\partial z}\right) + S_L + S_B + S_K \qquad (4.1)$$

式中，U_x、U_y 和 U_z 分别表示沿不同坐标轴方向的流速，单位为 m/s；C 为水质指标浓度，单位为 mg/L；E_x、E_y 和 E_z 分别表示河流纵向、横向和垂向的扩散系数，单位为 m²/s；S_L 为点源和非点源负荷，正为源、负为漏，单

位为 g/(m³·d)；S_B 为边界负荷，包括上游、下游、底部和大气环境，单位
为 g/(m³·d)；S_K 为动力转换项，单位为 g/(m³·d)。

（2）情景设置及模拟结果

依据闸门位置将河流分成闸上和闸下两段，模拟思路如下：首先，结合现
场实验监测数据，利用 WASP 水质模拟软件对闸上河段中的 NH_3-N 和
COD_{Mn} 两个监测指标进行模拟，验证模型的可靠性；然后，将上游闸前河段的
模拟结果作为下游河段的污染初始值进行模拟，分析不同情景条件下闸坝调控
对河流水质的影响。

① 闸上模型验证。依据实验 C 中闸门开度 8 孔 30 cm 的调度方式和现场
条件，利用 WASP 软件中的 EUTRO 模块对 NH_3-N 和 COD_{Mn} 这两个水质指
标进行模拟；根据模拟需要确定模型开始时间和结束时间；采用 EULER 差
分；选择一维网络运动波理论进行水动力学模拟；最大、最小时间步长调整系
数取用模型默认值，模拟时间段选为 2013 年 4 月 5 日 16：53 分至 4 月 6 日
08：02 分。依据现场实验条件，将闸上和闸下各分成一个 segment，并在其中
输入模型计算初始时刻单元体数据。对闸上 NH_3-N 指标的计算模拟进行验
证，数值模拟结果与现场实验监测结果对比情况如图 4-14 所示。

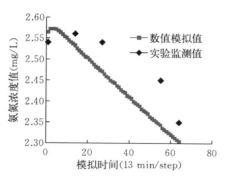

图 4-14　闸坝上游河段中 NH_3-N 模拟值与试验值关系图

从图 4-14 中可以看出，4 个对比点的相对误差值 $\left(\dfrac{(C_{实测值}-C_{模拟值})}{C_{实测值}}\right)$ 分别
为 1.0%、1.1%、2.7%、4.3% 和 1.9%，各点相对误差值均在 5.0%。由此
可见，模型参数设置正确，模拟结果合理，可以作为闸下模拟时的输入值。

对闸上 COD_{Mn} 指标的计算模拟进行验证，数值模拟结果与现场实验监测
结果对比情况如图 4-15 所示。

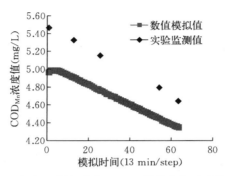

图 4-15　闸坝上游河段中 COD_{Mn} 模拟值与试验值关系图

从图 4-15 中可以看出，4 个对比点的相对误差值分别为 8.9%、7.9%、7.7%、7.4% 和 6.5%，各点相对误差值均在 10.0% 之内。由此可见，模型参数设置正确，模拟结果合理，可以作为闸下模拟时的输入值。

② 闸下不同流量条件下的数值模拟结果。根据闸下现场实际条件设置模型中 segment 部分，模拟时间段选为 2013 年 4 月 5 日 16：53 分至 4 月 8 日 12：18 分，其他参数沿用模型验证时的模型参数设置，依据不同的流量条件（相当于不同闸门开度）对 NH_3-N 指标和 COD_{Mn} 指标进行模拟，了解不同闸门开度条件下污染物的变化情况。不同流量条件下模拟浓度值随时间的变化曲线如图 4-16 和图 4-17 所示。

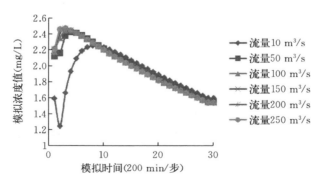

图 4-16　不同流量条件下 NH_3-N 模拟浓度值随时间的变化曲线

从图 4-16 可以看出，除了流量 10 m³/s 之外，其余各流量条件下 NH_3-N 浓度值均呈现先升高后下降的趋势，且随着流量的增加，NH_3-N 浓度值升高和下降的趋势均有所增大；而在流量 10 m³/s 条件下，NH_3-N 浓度值则呈

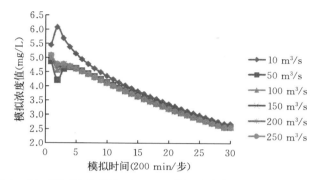

图 4-17　不同流量条件下 COD_{Mn} 模拟浓度值随时间的变化曲线

现不同的变化规律，呈现先急剧下降，又急剧上升，而后则呈现缓慢下降的趋势，但其总体上略微呈现上升趋势。在模拟时间结束时，流量越小其模拟浓度值反而越大，但各模拟值之间相差不大，如流量 10 m³/s 时 NH_3-N 模拟浓度值为 1.594 mg/L，流量 250 m³/s 时 NH_3-N 模拟浓度值为 1.537 mg/L，两者仅相差 0.057 mg/L。

从图 4-17 可以看出，在流量为 10 m³/s 时，COD_{Mn} 模拟浓度值呈现先升高后下降的趋势；而其他流量条件下，则是表现为先下降，后升高，再下降的过程，且随着流量的增加，第一个下降阶段则越来越不明显。流量越大，模拟时间结束时 COD_{Mn} 模拟浓度值越低，但其值相差不大，如流量 10 m³/s 时 COD_{Mn} 模拟浓度值为 2.668 mg/L，流量 250 m³/s 时 COD_{Mn} 模拟浓度值为 2.535 mg/L，两者仅相差 0.133 mg/L，其余各模拟值结果相差均在 0.03 mg/L 之内。

综合考虑数值模拟结果和闸坝维持河流生态健康等作用，为了减小闸坝下游水体中污染物的浓度，对于 NH_3-N 模拟指标，在满足下游需水的前提下，日常泄流情况下过闸流量应尽可能小；而对于 COD_{Mn} 模拟指标，日常泄流情况下过闸流量应大于 10 m³/s，同时为了了解 10～50 m³/s 流量对水体污染物的影响，对 20 m³/s、30 m³/s 和 40 m³/s 三个流量条件下进行模拟，模拟结果如图 4-18 所示。从图 4-18 中可以看出，3 个流量对水体污染物的影响情况与 50 m³/s 流量的情况相同。总之，日常泄流情况下闸坝应保持小流量下泄水流，但过闸流量应大于 10 m³/s。

（3）结果讨论

从图 4-8 至图 4-13 中可以看出，实验中各监测断面的水质情况具有以

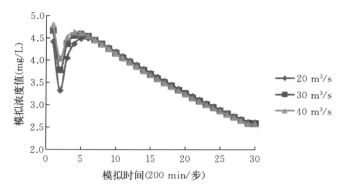

图 4-18　不同流量条件下 COD_{Mn} 模拟浓度值随时间的变化曲线

下特点：实验 A 中，COD_{Mn} 处于Ⅲ类水水平，氨氮浓度处于劣Ⅴ类水水平；实验 B 中，COD_{Mn} 处于Ⅱ类水水平，氨氮浓度处于Ⅰ～Ⅱ类水水平；实验 C 中，COD_{Mn} 浓度处于Ⅱ～Ⅲ类水水平，NH_3-N 浓度处于Ⅳ～劣Ⅴ类水水平。从实验监测结果可知，实验 B 中的水质明显要优于实验 A 和实验 C，而实验 A 和实验 C 结果相差不大，分析其原因主要是实验 B 时淮河尚处于汛末，水量较大，对水体中各污染物能够起到一定的稀释作用，而实验 A 和实验 C 则是处于枯水期和春灌期，上游来水量较小，且用水量较大，造成河流水量较小，污染物在水体中富集较为严重，造成水质较差。

　　由于各实验中闸门开启数和闸门开度有所不同，拟按照闸口出流计算公式，结合现场监测数据，计算出各调度方式下的闸口流量，将三次实验各监测断面的 COD_{Mn} 浓度值和 NH_3-N 浓度值随过闸流量的变化情况分别点绘在一张图上，具体情况如图 4-19、图 4-20 所示。

　　从图 4-19 中可以看出，COD_{Mn} 浓度随过闸流量的变化具有以下的特点：a. 当闸门全部关闭（过闸流量为 0）时，四个监测断面的 COD_{Mn} 浓度大小顺序为 COD_{Mn}（Ⅰ）＜COD_{Mn}（Ⅵ）＜COD_{Mn}（Ⅶ）＜COD_{Mn}（Ⅳ），出现该现象的原因主要是由于闸门关闭，闸门前水流速度大幅度下降，甚至出现回流现象，造成水体中污染物在闸前大量聚集，闸前水质变坏，这就是监测断面Ⅳ处 COD_{Mn} 含量最大的原因，但在断面Ⅰ处仍具有较大的流量和流速，此处污染物较少富集，造成此处 COD_{Mn} 浓度最小；在闸坝下游，由于闸坝关闭，下游的水量和流速急剧降低，上游水体中的污染物开始在下游水体中富集，且随着距闸坝距离的增加，污染物浓度在逐渐升高，这点充分表明上游来水能够促进下

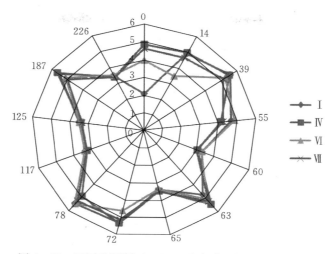

图 4-19　不同监测断面 COD_{Mn} 浓度随过闸流量的变化图

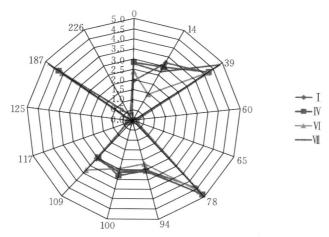

图 4-20　不同监测断面 NH_3-N 浓度随过闸流量的变化图

游水体的净化。b. 随着闸门开启和河流流量的增加，大部分流量条件下下游水体Ⅶ断面处的 COD_{Mn} 含量均有所降低，但流量 64 m³/s 和流量 94 m³/s 两种情况除外，将其余流量条件下的 COD_{Mn}（Ⅰ）和 COD_{Mn}（Ⅶ）浓度值进行对比，其中Ⅰ断面和Ⅶ断面之间浓度值下降的幅度大小顺序为：0.5 mg/L（流量 187 m³/s）＞0.45 mg/L（流量 39 m³/s）＞0.43 mg/L（流量 100 m³/s）＞0.32 mg/L（流量 60 m³/s）＞0.25 mg/L（流量 14 m³/s）＞0.20 mg/L（流量

109 m³/s）＞0.18 mg/L（流量 78 m³/s 和流量 125 m³/s）＞0.07 mg/L（流量 117 m³/s）＞0.05 mg/L（流量 226 m³/s），由这些数据可以看出，过闸流量的大小对降低下游Ⅶ断面处 COD_{Mn} 浓度值的贡献程度不同，小流量时水流对底泥扰动较小，底泥中的污染物难以释放，水流小流量下泄时有利于水体中污染物的降解；但随着流量的增加，水流对底泥的扰动强度增加，促进了底泥中污染物的释放，这样极易造成闸坝下游水体的恶化，但水体的降解作用和底泥污染物的释放作用是个动态交换的过程，当某流量的降解作用大于底泥释放作用时，也能够促进水体污染物的减少，如流量 187 m³/s 的情况下。通过综合考虑闸坝蓄水、拦污及供水等作用，槐店闸的日常泄水流量应不大于 78 m³/s，但闸门不能关闭，这样既能满足向下游供水，又能使下游水体得到一定程度的净化。

从图 4-20 中可以看出，NH_3-N 浓度随过闸流量的变化具有以下的特点：a. 在闸门关闭时，NH_3-N 浓度随过闸流量的变化特点与 COD_{Mn} 浓度随过闸流量的变化情况相同。b. 当闸门开启时，闸门调度方式的改变对水体污染负荷消减和增加的趋势不同。随着过闸流量的变化，大部分情况下断面Ⅶ处的 NH_3-N 浓度值都较Ⅰ断面处的浓度值有所增加，但流量 14 m³/s 和流量 65 m³/s 两种情况除外，这两种情况均使下游水体中的 NH_3-N 浓度值有所降低，下降值分别为 0.49 mg/L 和 0.04 mg/L。由此可见，为了使水体中 NH_3-N 浓度有所降低，闸门应保持小流量下泄（如 14 m³/s）。

4.2.3 2014 年 11 月水环境实验

（1）实验设计

① 监测断面与样点布设。在 2014 年 11 月 14—19 日，在实地勘测槐店闸基本情况的基础之上，严格遵照《水环境监测规范》（SL 219-2013），设置采样断面，并布设监测样点。实验研究范围长达 2.3 km，具体是从槐店闸上游公路桥至槐店闸下游水文站之间的河道。监测断面共设置 4 个：Ⅰ断面（位于闸上公路桥上游数 10 m 处），代表河流环境初始情况断面，即背景断面；Ⅱ断面（位于闸门前 10 m 处），代表闸前污染物沉积断面；Ⅲ断面（位于闸下消力坎后 15 m 处），代表水流冲刷干扰断面；Ⅳ面（位于闸下水文站处），代表闸后污染物消解沉积断面。水量、水质监测样点设置在每个断面 2 等分处，分别标注为 1#、2#、3#、4#，水生态监测样点分别设置于各监测断面的北岸边处。采样断面与采样点的具体布设如图 4-21 所示。

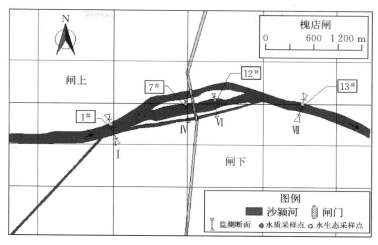

图 4-21　采样断面与采样点分布情况

② 调控与采样方案。实验以闸坝浅孔闸中间 6 孔的集中调控方式进行设计，调控力度以过闸流量表示。共设计 4 种调控方式，调控力度按从小到大顺序依次进行转换，各调控方式下的水质样本采集需在对应的调控方式实施 4 h 后进行，不同调控方式之间转换的时间间隔不得小于 12 h。闸坝调控对水生生物的影响过程复杂、影响因子繁多且影响结果显现周期长，为了探索闸坝长期调控干扰对闸控河流水生态环境造成的影响，在开闸调控方案实施前进行水生态样本采集与分析。此外，在开闸调控实施后，增采一次水生态样本，以探索实验期间，短期频繁的开闸调控对闸坝水生态环境的影响特征。具体的闸坝调控与样本采集方案如表 4-2 所示。

表 4-2　闸坝调控与样本采集方案

闸坝调控时间	闸坝调控方式		采样时间	样本采集方案	
	闸门开启方式	过闸流量（m³/s）		水质样本	水生态样本
2014-11-14T08:00/16T17:00	闸门全关闭	0	2014-11-16 下午	√	√
2014-11-16T17:00/17T17:00	6 孔 10 cm	20	2014-11-17 下午	√	
2014-11-17T17:00/18T17:00	6 孔 20 cm	40	2014-11-18 下午	√	
2014-11-18T17:00/19T17:00	6 孔 30 cm	60	2014-11-19 下午	√	√

③ 样本采集、处理与测定。采集的水质样本包括表层水样、上覆水样和

底泥样本，用以分析污染物在河流水体、悬浮物、底泥中的浓度。表层水样进行 COD_{Mn}、BOD_5、$NH_3 - N$、$NO_3 - N$、TN、TP 检测。上覆水样、底泥样本都进行过滤处理后，将对应滤出的悬浮物、底泥分别溶于纯水，搅拌、离心后提取上清液，测定悬浮物上清液与底泥上清液样本中的 COD_{Mn}、$NH_3 - N$、$NO_3 - N$、TN、TP 指标浓度。水质样本采集和检测方法严格参照《水环境监测规范》（SL 219 - 2013）和《水和废水监测分析方法》（第四版）。溶解氧（DO）、氧化还原电位（ORP）、电导率（TDS）采用 HACH 便携式水质分析仪测定，叶绿素 a、蓝绿藻（PCY）采用 Hydrolab DS5 仪器监测。采集的水生态样本包括浮游植物、浮游动物、底栖动物，样本采集、样品浓缩、固定、保存、计数严格参照《水生生物监测手册》。

（2）实验结果及分析

通过本次实验，获取了表层水样、上覆水样、底泥样、水生生物样。其中，对表层水样进行检测，分别获取表层水体理化指标（COD_{Mn}、BOD_5、$NH_3 - N$、$NO_3 - N$、TN、TP、DO、ORP、电导率、叶绿素 a 等）在不同调控方式下的变化情况；获取上覆水样中 $NH_3 - N$、$NO_3 - N$、TP、TN 等指标在不同调控影响下的变化特征；获取底泥样中 COD_{Mn}、$NH_3 - N$、$NO_3 - N$、TP 和 TN 等污染物的变化情况；同时，分析了污染物在表层水体、悬浮物和底泥中的分布规律。本次实验与 2010 年和 2013 年实验不同之处在于，增加了水生态指标的监测及特征分析，获取了浮游植物、浮游动物及底栖动物的种类及密度分布情况，并在此基础上，利用 Shannon - Wiener 多样性指数对水生生物多样性进行计算与分析，判断不同调控方式对研究区各监测断面生物多样性的影响及变化规律[126]。

5 闸控河流水生态健康评价
指标体系构建

河流水生态健康是河流健康发展的基础,其与河流健康有何不同? 河流水生态健康到底是什么? 其受到诸多因素的影响,关键影响因子有哪些? 在构建评价指标体系时,如何利用关键影响因子准确评价河流水生态健康的程度? 对此,本书在提出闸控河流水生态健康概念和内涵的基础上,利用识别出的河流水生态健康关键影响因子,构建评价指标体系,并确定出各关键影响因子的指标值,为后续评价工作的开展提供基础。同时,本书以淮河中上游河流为例进行实例应用,但关键影响因子识别方法及构建的指标体系具有普适性,也可应用于其他闸控河流。

5.1 闸控河流水生态健康的概念及内涵

目前,国内外学者已对河流健康的概念及内涵进行了多方位的理解和分析。部分学者完全从生态系统的角度出发,提出河流健康等同于生态完整性,强调其生态系统结构及功能[10,127],该阶段提出的概念,更注重河流的自然属性和河流自身的发展;其他学者则强调河流健康应该体现人类价值观的作用,强调河流健康必须依赖于社会系统的判断,考虑人类社会及经济需求等[13,15,16,128],该阶段的概念既强调河流的自然属性,又考虑河流的社会属性,主要体现河流的社会服务功能。但是,目前国内外没有形成统一的河流健康概念,更没有统一的河流水生态健康概念,在部分研究中甚至出现对二者概念的混淆,且河流水生态健康程度是实现河流健康和河流社会服务功能的基础。对此,本书在前人研究基础上提出闸控河流水生态健康概念:河流自身结构和各项功能均处于相对稳定状态,即河流具有充足水量,且保持天然流态和良好水质;具有良好的水生生物完整性和丰富的生物多样性;具有良好的河流连通性和天然的河岸栖息地环境,能够为实现河流社会服务功能提供基础[29]。

从以下几个方面来认识河流水生态健康的概念及内涵:

（1）河流水量是河流水生态健康的基础

随着经济社会的发展和人口的增加，从河道中的引水量在逐渐增加，在一定程度上造成河流径流量的减小，甚至出现断流现象。在《百科全书》中指出："地上本来没有河，是雨水、地下水和高山冰雪融水经常沿着线形伸展的凹地向低处流动，才形成了河流"，可见水流是河流存在的基础，而河流中适量的流量则是河流水生态健康的基础。

（2）河流水质情况决定着河流水体的功用，影响着河流的水生态健康程度

水污染是河流水生态健康的较大威胁，2014年《中国环境状况公报》中的数据表明，十大流域的国控断面中劣Ⅴ类水质断面比例为9.0%，而淮河流域劣Ⅴ类水质断面比例为14.9%。"劣Ⅴ类水"是指水质指标值低于《地表水环境质量标准（GB 3838－2002）》中Ⅴ类水标准的水体，这类水体已基本丧失使用功能，这样的河流或者河段的水生态健康程度比较低。因此，河流水质情况也是决定河流水生态健康程度的重要方面。

（3）水生生物的完整性和多样性是河流水生态健康的重要表现

水体是一个完整的生态系统，包括水中的溶解质、悬浮物、底泥和水生生物（微生物、浮游植物、浮游动物、底泥动物和鱼类等）。天然状态下的河流，水体中各种生物处于一种平衡状态，遵循着适者生存的自然发展规律，但是现在的河流普遍受到人类活动的影响，人为地造成水生生物种类、密度及多样性的减少，甚至造成其灭绝。由此可见，水生生物的完整性和多样性是反映河流水生态健康程度的重要方面。

（4）良好的河流连通性和天然的河岸栖息地环境是河流水生态健康的重要保障

为了兴利、防洪等目的，全球各河流上修建了众多的闸坝工程，这些工程改变着河流的天然流态，影响着河流的流量、水位及水质的时空变化，并且河道硬化工程进一步破坏水生生物的栖息地及繁衍环境，造成水生生物的数量、种类的变化及生物多样性的降低，影响着河流的水生态健康。

5.2　评价指标体系初步构建

在多指标综合评价中，构建合理的评价指标体系是科学评价的前提。闸控河流水生态健康受到诸多因子的影响，造成其评价过程较为复杂。为了尽可能准确地评价闸控河流的水生态健康程度，在对评价指标体系初步构建时，选择

尽可能多的评价指标，为闸控河流水生态健康关键影响因子识别及指标体系构建提供基础支撑。具体构建流程如图 5-1 所示。

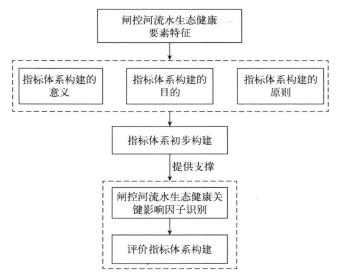

图 5-1　闸控河流水生态健康评价指标体系构建流程图

5.2.1　构建河流水生态健康评价指标体系的意义、目的及原则

（1）构建河流水生态健康评价指标体系的意义

随着人类生活水平的提高和对美好生存环境的需求，河流健康或水生态健康状况日益受到重视，但水生态状况达到什么程度才能够算是健康的水生态状况，用哪些指标来衡量，国内外尚未形成统一的标准。河流水生态健康状况的评价就是通过某一地区的水生态健康影响因素量化该地区的河流水生态健康程度。在量化过程中，由于具体区域的实际情况千差万别，若是没有一套明确的、清晰的评价指标体系作为尺度来衡量，则很难将河流水生态健康评价从理论层面发展成为一种实际工作中可操作的管理方式，难以更好地用于河流的调控与管理。因此，建立河流水生态健康评价指标体系具有重要意义，主要体现在以下几个方面：

① 建立河流水生态健康评价指标体系，是实现河流水生态健康发展的重要组成部分，也是评价或度量一个区域或河流水生态健康程度的重要手段。通过对河流水生态健康影响因素的定量监测、评价和调控，为河流水生态健康的

全面发展提供科学依据。

② 通过构建的河流水生态健康评价指标体系，改变影响因素的状态，使水生态健康向好的方向发展。目前，我国的水生态问题还没有引起全社会的普遍关注，建立一套河流水生态健康的评价指标体系可以对政府和社会起到一个预警的作用。通过改变水生态健康的影响因素状态，如减小河流水体污染、增加河流水生生物多样性等，可提高河流水生态健康的程度，为人类生存和发展提供一个健康、美好的生存环境。

③ 通过建立河流水生态健康的评价指标体系，可为政府决策部门或河道管理部门决策与管理提供科学的依据。实现河流水生态的健康发展是一个全社会的行为，需要全体社会人员的广泛参与，同时也需要政府部门的组织和实施，需要制定相关的政策和法规加以引导，如，制定更为严格的排污和治污的政策和法规，减少排入河流中的污水量等等。所以，建立具有可操作性的评价指标体系，对实现河流水生态健康的科学决策具有重要意义。

（2）构建河流水生态健康评价指标体系的目的和功能

通过客观的、可量化的指标体系可以帮助人们评价和认识目前河流的水生态健康程度，并可以帮助人们认识到改善哪些指标或者从哪些方面努力能够提高河流的水生态健康程度。

建立的河流水生态健康评价指标体系具有如下功能：

① 评价河流的水生态健康程度。通过客观的指标体系及研究区域的实测数据，可以对研究区的河流水生态健康程度进行评价，并划分出不同的健康等级。

② 找出改善河流水生态健康程度的调控对策。基于对现状河流水生态健康程度的分析，通过预测发展趋势或者改变部分影响因素的指标数据，分析其对河流水生态健康程度的影响程度，从而找出在河流管理中改善水生态健康应该采取的调控对策。

（3）构建河流水生态健康评价指标体系的原则

为了实现河流水生态健康程度评价，维持河流水生态健康发展，评价指标体系必须能客观、准确地反映河流的水生态健康状况，能够为政府决策、科学研究等提供河流水生态健康的现状、变化趋势及其变化原因。因此，构建评价指标体系应遵循以下原则[129]：

① 科学性和简明性原则。从河流的功能和属性出发，指标要有明确的概念，具有一定的科学内涵，符合河流水生态健康的概念和目标，能够客观反映

水生态健康河流的基本特征。构建评价指标体系的目的在于对实现河流水生态健康进行实际指导，这就要求指标的含义应该简单明了和易于理解，构建出易被多数人所理解和接受的评价指标体系。

② 完备性和代表性原则。指标体系要系统和全面，能够从河道结构、河流水质、河流生态系统、河道栖息地环境等不同角度表征河流水生态健康状况，并组成一个完整的体系，综合地反映河流水生态健康状况，但在考虑指标体系完备性的基础上，应选择具有代表性的指标。

③ 可获取性和可操作性原则。所选取的指标必须能够通过可靠的途径或方法获取，且是可量化的数据。选取的定量指标均能够通过国家统计部门发布的数据或者实验监测数据直接或间接地得到，且应尽量减少不易获取或量化的指标数量，以增加构建指标体系的可操作性。

④ 定量和定性相结合原则。在构建评价指标体系时，应尽量选择可定量化的指标，以便能够较客观地反映河流的水生态健康程度。但是，有些指标是必须选择的，且其难以量化，这时只能采用定性指标进行描述。本书中，针对定性指标制定相应等级，并采用打分法对其进行定量转化。

⑤ 整体性和层次性原则。评价指标体系是一个不可分割的整体，用该体系能够反映某河流的水生态健康程度。同时，为了使指标体系清晰明了，还应该具有一定的层次性。河流功能包括自然功能和社会功能，前者是后者的基础。对此，河流水生态健康应涵盖自然功能的全部内容，不仅要反映河流水环境健康，还要反映河流水生态系统健康。

⑥ 静态性和动态性原则。河流水生态健康是一个动态的发展过程，其评价过程不能只局限于过去、现状，还应该能够根据指标的变化情况考虑未来的发展趋势。对此，需要对建立的评价指标体系进行定期更新，以便显示其随时间的变化趋势。

5.2.2 指标体系初步构建

（1）闸控河流水生态健康评价指标体系框架

依据评价指标体系的构建原则，构建易于操作、不需要太多专业知识的闸控河流水生态健康评价有效工具。通过借鉴国内外关于河流水生态健康的相关成果，结合提出的闸控河流水生态健康的概念、内涵及实际需求，确定该指标体系框架是一个由目标层、分类层和指标层3个层次构成的递阶层次结构，评价指标体系框架如图5-2所示。

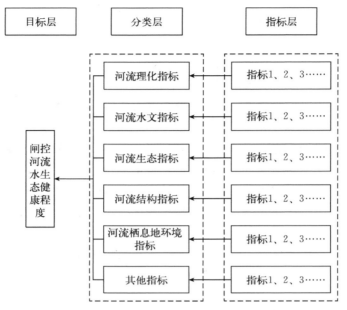

图 5-2 闸控河流水生态健康程度评估指标体系框架

① 第一层：目标层。即构建闸控河流水生态健康评价指标体系，维持水生态健康，促进人水和谐。

② 第二层：分类层。该层能够进一步对目标层进行解释，根据闸控河流水生态健康的要素特征，结合对闸控河流水生态健康的内涵解读，确定相应的分类层。

河流水量是河流水生态健康的基础，其能够综合反映流域气候特征、河流地形地貌及人工设施干扰程度等，是水生生物的生存和生长的重要载体。因此，在对目标层进行分类时，将河流水文指标作为一个分类层。

河流水质情况可通过水体中各种理化指标浓度进行直接或间接反映，河流理化指标是社会生产、生物和人类健康的重要保障，影响着水体的利用价值及水生生物的生存。因此，将河流理化指标作为一个分类层。

河流水生生物状况是河流水生态健康的表征，可以反映人类活动对河流胁迫或河流自然生态演变的累积效应，河流中生物完整性和生物多样性都是河流水生态健康的直观表现。

河流物理结构情况是人类物理重建活动的结果，直接表现为水体与河岸交换能力的强弱、栖息与洄游环境的好坏、河岸物理稳固及连通程度等方面。天然的河道上没有诸多水利工程的影响,其发展态势遵循着自然规律,但是,目前河道上修建的水利工程改变着水体理化指标的时空分布,影响着水生生物的生存和发展。因此,河流结构指标也是影响着河流水生态健康的重要方面。

河岸带是陆地与水生生态系统的交错地带,具有生态脆弱性、生物多样性及人类活动影响剧烈等特点,而河流栖息地环境是其表现形式,影响着区域生物多样性、物质与能量交换、营养物质吸收等方面。良好的河流栖息地环境能够为水生生物提供必需的生存场所,也能够吸收水体中部分污染物,在一定程度上影响着河流的水生态健康程度。

一般情况下河流理化指标、水文、生态、结构和河岸带是反映河流水生态健康的 5 个重要方面,但是不同河流水生态健康状况的影响因子也可能存在差别,这时可以根据河流的实际情况对分类层进行增补,以尽可能准确地反映拟评价河流的实际情况。

③ 第三层:指标层。在分类层确定的基础上,依据指标筛选原则和因子识别方法,结合研究区的实际情况,依次确定各分类层相应的指标。

(2) 河流水生态健康评价指标体系初步构建

基于闸控河流水生态健康的概念、内涵及评价指标体系的构建原则,在综合国内外研究成果、专家意见和研究区域实际情况的基础上,结合构建的评估指标体系框架,将河流水生态健康状况评价指标体系分为目标层、分类层和指标层,每个层次选择能够反映该层次主要特征的要素作为评价指标,尽量避免指标的遗漏和重复。书中第 1 个层次是目标层,主要是河流水生态健康,用河流水生态健康综合指数来定量反映河流的水生态健康状况;第 2 个层次是分类层,主要包括河流理化指标、河流生态指标、河流水文指标、河流结构指标、河流栖息地环境指标、地貌、生态功能、防洪安全、河流生境物理指标;第 3 个层次是指标层,对各分类层指标的细化,主要包括浮游植物多样性指数、浮游动物多样性指数、底栖动物多样性指数、鱼类完整性指数、微生物多样性指数、附着藻类指数、珍稀鱼类存活状况、外来物种威胁程度、粪大肠菌群数、底栖动物完整性指数、河流物理栖息地质量综合指数、河流生境多样性指标、河岸植被覆盖状况、宽深比指数、河岸带状况、水流缓急变化率、河岸稳定性、河床稳定性、河道护岸形式、河道渠化程度、流速、流量、生态流量满足程度、重要湿地保留率、水土流失率、水位变化、年净流量、最小流量保证率、平滩流量指标、河流纵向连通性、河流横向连通率、河流含沙量变化率、河道弯曲程度、河流形态多样性、河床底质、水利工程干扰、水系连通性、

pH、总氮、总磷、溶解氧、五日生化需氧量、高锰酸盐指数、化学需氧量、氨氮、重金属、浊度、电导率、水温、水功能区水质达标率、富营养化指数、矿化度、透明度、总悬浮颗粒物、硫酸盐浓度。

5.3　水生态健康关键影响因子识别

5.3.1　关键影响因子识别方法

（1）指标筛选原则

初步建立的指标体系需要尽可能地全面，但是在实际评价工作中，初步构建的指标体系中可能存在重复指标或不适用指标，这时就需要利用正确的、科学的指标筛选方法对初选指标进行进一步的筛选，使其兼具完备性和独立性。指标的筛选应遵循以下原则：

① 独立性。初步建立的预选指标体系可能在某些方面存在一定程度的相关关系，从而使指标所反映的信息有所重叠或者重复，指标体系中高相关性的指标会影响评价结果的客观性。对此，需对指标间的相关性进行分析，对具有高度相关性的指标进行筛选，保留重要指标，删除次要指标，实现各指标间的独立性。

② 灵敏性。在初步提出的预选指标中，可能存在一些对河流水生态健康程度影响不明显或不产生影响的指标，造成指标体系的冗余并增加评价时的工作量。因此，需要根据指标体系中的敏感指标，删除那些对评价结果不产生影响或相对不敏感的指标，实现指标体系的简明性。

（2）指标筛选方法

目前，国内外学者针对评价指标筛选提出了一些方法，主要集中在数学方法上。根据指标筛选原则，在对预选指标进行筛选的过程中，可用的筛选方法较多，但基本上可以分为三大类：第一类是定性指标筛选方法；第二类是定量指标筛选方法；第三类是综合指标筛选方法。

定性指标筛选方法中，理论分析法、德尔菲法和频度统计法是较为常用的指标筛选方法。理论分析法是对研究对象的内涵、特征进行分析，选择重要的特征指标；德尔菲法是通过征询专家意见，对初选指标进行筛选；频度统计法是选择相关研究报告、论文中频度较高的评价指标。理论分析法和德尔菲法都需要凭借判断者或专家丰富的经验和相关的知识，而频度统计法则可以认为是根据专家们发表的文章或相关研究报告进行指标筛选，由于论文均经过作者撰写和专家评审，故可以认为该方法也是一种相对客观的专家评判法。这类方法的优点是简便易行，能够发挥各专家的作用，但受评判专家的专业、知识水平、经验等主观意识影响较大。

定量指标筛选方法中，主成分分析法、广义方差极小法、最小均方差法和极小极大离差法、灰色关联度法、相关性分析法都要求研究对象为量化数据或可量化数据，均从指标的敏感性、特异性、代表性和独立性进行考虑及筛选。主成分分析法在筛选指标时仅依靠指标数值进行分析，受人为因素的影响较小，具有一定的客观性和可信度[130]，但是对指标数值的要求较高，数据量越大指标筛选的结果越可靠；灰色关联度法在小样本、贫数据条件下也能够对指标进行筛选，并且其运算相对简单，但是这种方法在选取临界值时存在一定的争议；条件广义方差极小法、最小均方差法和极小极大离差法等方法在筛选指标之前需要考虑清楚指标的个数[131-133]，且计算过程相对复杂；相关性分析方法是指对两个或多个变量进行分析，并根据指标间的密切程度对指标进行筛选；偏最小二乘法中的回归系数可以用来筛选原始变量指标，去除一些冗余或影响不大的变量指标，但需要的原始变量数据很大[134]。

综合指标筛选方法中，层次分析法是定量与定性相结合的分析方法，可以将决策者的主观判断进行量化分析，但是，当两两比较的指标较多且相关性较强时，专家咨询就缺乏可靠性[135]；神经网络法主要是通过分析自变量在一定范围变化时函数值相应变化的情况，利用变化大小来衡量指标的影响程度[136]，进而对指标进行筛选。在指标筛选的过程中，也可以采用定性指标筛选方法和定量指标筛选方法相结合进行运用。部分指标筛选方法之间的对比情况如表 5-1 所示。

表 5-1　部分指标筛选方法比较

指标筛选方法	优　点	缺　点	难　点	分析方法
德尔菲法	专家主观判断	主观性强	专家选择难，实施步骤较为烦琐	定性分析
理论分析法	对研究对象的内涵、特征进行分析和综合，对指标无要求	需要专家主观判断，主观性较强	理论分析要求高	定性分析
频度统计法	统计已有研究成果	统计工作量大	已有成果的选择	定性分析
主成分分析法	量化结果可分析程度高	需要数据资料，且样本容量大	计算工作量大	定量分析

（续）

指标筛选方法	优　点	缺　点	难　点	分析方法
灰色关联分析法	反映指标间关联程度，能剔除等价指标	需要数据资料，临界值难以确定	临界值的确定需要探讨	定量分析
相关性分析法	反映指标间的相关程度，能剔除相关性大的指标	需要数据资料	指标的合理剔除	定量分析
广义方差极小法	区分度表示指标特性	事先确定指标个数	计算复杂	定量分析
层次分析法	定量和定性相结合，将决策者的主观判断进行量化分析	需要专家判断	指标重要程度难以准确确定	综合分析
神经网络法	人为影响小，能够满足指标变化程度的要求	需要数据资料，且构建及调试模型复杂	计算过程复杂，需要专门的软件	综合分析

　　经过对各种指标筛选方法的综合分析，本书选择频度统计法（定性指标筛选方法）进行指标的初步筛选；结合闸控河流水生态健康的概念及内涵，利用理论分析方法（定性指标筛选方法）对初选指标进行进一步的筛选；在此基础上，对筛选出的指标进行相关性分析（定量指标筛选方法），进一步删除指标中相关性较大的指标，尽量保证指标间的独立性，最终识别出所需的关键影响因子。

5.3.2　关键影响因子识别及结果分析

　　依据构建的闸控河流水生态健康初步评价指标体系，结合优选的因子识别方法，分别对分类层及对应的指标进行识别，最终得到闸控河流水生态健康关键影响因子，可为评价指标体系构建提供支撑。关键影响因子的识别过程如图 5-3 所示。

　　（1）频度统计法初选指标

　　从中国知网中以主题"河流水生态健康"和"河流生态健康"进行文献搜索，共查得 734 篇研究论文，但是文章中含评价指标体系的文献仅 73 篇。根据所查的文献资料，利用频度统计法分别从分类层和指标层进行指标筛选和体

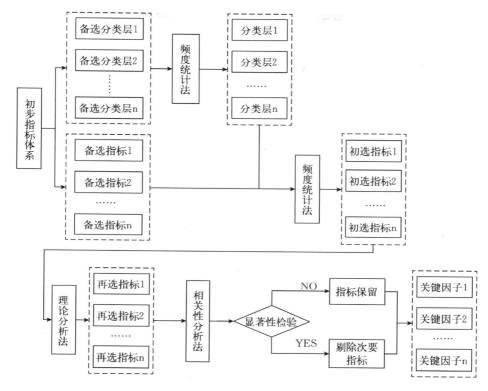

图 5-3　河流水生态健康关键影响因子识别流程图

系构建。首先，对分类层进行筛选。已有文献中出现的分类层分别有"河流理化指标、河流生态指标、河流水文指标、河流结构指标、河流栖息地环境指标、地貌指标、生态功能指标、防洪安全指标和河流生境物理指标"，各分类层指标出现的次数情况如图 5-4 所示。

从已有统计文献中选择出现次数大于 10 次的分类层指标作为本书中的分类层指标。从图 5-4 可以看出，筛选的分类层指标为河流理化指标、河流生态指标、河流水文指标、河流结构指标和河流栖息地环境指标。

根据统计文献（73 篇文献）中，对出现的指标层指标进行统计，共得到 55 个与河流水生态健康相关的指标，各指标出现的次数如图 5-5 所示。在做图时为了便于显示，对 55 个指标进行了编号，分别用 1～55 的数字进行表示，其代表的指标分别为浮游植物多样性指数、浮游动物多样性指数、底栖动物多样性指数、鱼类完整性指数、微生物多样性指数、附着藻类指数、珍稀鱼类存

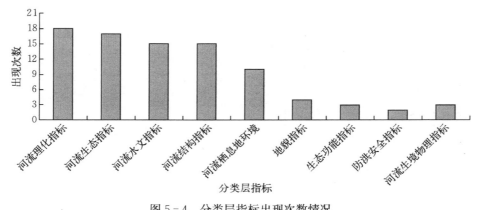

图 5-4　分类层指标出现次数情况

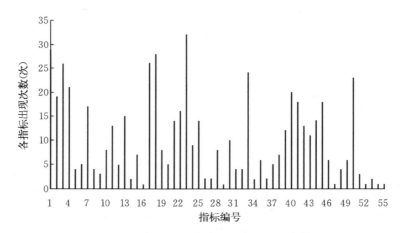

图 5-5　各指标在统计文献中出现的次数

活状况、外来物种威胁程度、粪大肠菌群数、底栖动物完整性指数、河流物理栖息地质量综合指数、河流生境多样性指标、河岸植被覆盖状况、宽深比指数、河岸带状况、水流缓急变化率、河岸稳定性、河床稳定性、河道护岸形式、河道渠化程度、流速、流量、生态流量满足程度、重要湿地保留率、水土流失率、水位变化、年净流量、最小流量保证率、平滩流量指标、河流纵向连通性、河流横向连通率、河流含沙量变化率、河道弯曲程度、河流形态多样性、河床底质、水利工程干扰、水系连通性、pH、总氮、总磷、溶解氧、五日生化需氧量、高锰酸盐指数、化学需氧量、氨氮、重金属、浊度、电导率、水温、水功能区水质达标率、富营养化指数、矿化度、透明度、总悬浮颗粒物、硫酸盐浓度。

依据图 5-5 中统计的各指标出现的次数，选择出现次数 10 次以上的指标作为初选指标，主要有 23 个指标：浮游植物多样性指数、浮游动物多样性指数、底栖动物多样性指数、鱼类完整性指数、珍稀鱼类存活状况、河流物理栖息地质量综合指数、河岸植被覆盖状况、河岸稳定性、河床稳定性、流速、流量、生态流量满足程度、水土流失率、河流纵向连通性、河道弯曲程度、总氮、总磷、溶解氧、五日生化需氧量、高锰酸盐指数、化学需氧量、氨氮和水功能区水质达标率。其中分类层河流理化指标包含总氮、总磷、溶解氧、五日生化需氧量、高锰酸盐指数、化学需氧量、氨氮和水功能区水质达标率；分类层河流生态指标包含浮游植物多样性指数、浮游动物多样性指数、底栖动物多样性指数、鱼类完整性指数、珍稀鱼类存活状况；分类层河流水文指标包括流速、流量、生态流量满足程度、水土流失率；分类层河流结构指标应包含河流纵向连通性、河道弯曲程度；分类层河流栖息地环境指标包括河流物理栖息地质量综合指数、河岸植被覆盖状况、河岸稳定性、河床稳定性。

（2）理论分析法再筛选指标

根据研究区域实际情况及闸控河流水生态健康概念对初步筛选的指标进行理论分析，对指标进行进一步的筛选。

① 分类层河流理化指标筛选。总氮、总磷、溶解氧、五日生化需氧量、高锰酸盐指数、化学需氧量和氨氮等指标从不同角度反应河流水质状况，其浓度值大小直接影响着水体水质的好坏；水功能区水质达标率是反映水体中污染物满足水功能区划目标值的程度，常采用全指标和双指标评价方法，但这两种评价方法都是采用对最差项目赋权的方法进行评价，又称一票否决法，这种方法主要考虑最差的水体污染物，不能很好地反映河流的水质综合情况，也不能全面表达水体的水生态健康情况。对此，在分类层河流理化指标中选择总氮、总磷、溶解氧、五日生化需氧量、高锰酸盐指数、化学需氧量和氨氮作为评价指标。

② 分类层河流生态指标筛选。浮游植物、浮游动物、底栖动物和鱼类是水体中主要的水生生物，其种类、密度及分布等情况在一定程度上能够反映河流的水质和水生态状况。因此，这些指标在河流水生态健康评价指标体系中多有运用。但是，在开展淮河中上游水生态调查实验时，通过对当地渔民走访发现，由于水体污染、过度捕捞，淮河中上游河流中的鱼类数量与种类都大量减少，且鱼类移动性强，对环境胁迫的耐受程度低，故不选择鱼类完整性指数作

为评价指标；同时，淮河流域约有 200 多种鱼类，主要为平原区鱼类如鲤鱼、鲫鱼、青鱼、草鱼、鲢鱼、鳙鱼、银鲴、鳊鱼、鲂鱼、鲇鱼、鲌鱼等[137]，但是没有珍稀鱼类，故珍稀鱼类存活状况指标不适合于淮河流域水生态健康评价。对此，在分类层河流生态指标中选择浮游植物多样性指数、浮游动物多样性指数和底栖动物多样性指数作为评价指标。

③ 分类层河流水文指标筛选。河流水文条件是河流存在的基础，为水生生物生存提供必要的场所，是河流水生态健康评价的重要方面。河道水流流速会影响水生生物的生存和迁移情况，但是，对于一个监测断面不同位置的水流流速也不相同，不便于获取河道断面的实测流速，故在水文计算中多采用断面平均流速，而断面平均流速是河道断面流量与断面面积之商，故在指标选择时不选择流速作为评价指标，而选择流量作为评价指标；生态流量满足程度能够反映河流流量满足最小生态流量的程度，是通过对比河流某时间点或时间段的流量与河流最小生态流量的大小，来判断是否满足河流绝大多数水生生物所需要的条件。为了判断该指标在拟构建的指标体系中是否存在变化，对实验期间各监测断面的多年平均流量与最小生态流量进行对比，判断各监测断面的生态流量满足程度，在分析过程中主要参考王园欣学者的《淮河典型河流生态需水及保障机制研究》[93]，其余数据按照 Tennant 法进行估算，具体情况如表 5-2 所示。从表中可以看出，10 个监测断面均能够满足最小生态流量的需求，故该指标在计算过程中不会变化，舍去该指标。同时，研究区域内的河道两岸多是平原区，且具有成熟的河道工程，水土流失情况不严重，因此，水土流失率这个指标不适合本研究区域的水生态健康评价。对此，在分类层河流水文指标中选择各断面的流量作为评价指标。

表 5-2　实验中各监测断面的生态流量满足程度

监测断面	多年平均流量（m³/s）	最小生态流量（m³/s）	生态流量满足程度
D1	4.79	0.48	满足
D2	16.04	0.63	满足
D3	57.48	8.16	满足
D4	98.58	10.03	满足
D5	94.48	8.72	满足
D6	136.55	12.21	满足
D7	149.9	10.22	满足

（续）

监测断面	多年平均流量（m³/s）	最小生态流量（m³/s）	生态流量满足程度
D8	322	20.15	满足
D9	646.38	44.44	满足
D10	743.82	52.35	满足

④ 分类层河流结构指标筛选。淮河流域建有众多的闸坝工程，破坏了河流的纵向连通性，改变了河流水体中污染物的时空分布规律。同时，为了保证河流沿岸用水需求，多数闸坝在枯水期基本关闭，这就导致排入河道的工业废水和生活污水在闸坝前大量集聚[4]，当汛期首次开闸泄洪时，势必会严重影响下游河道的水生态健康程度，因此，河流纵向连通性是影响淮河流域水生态健康程度的一个重要指标。弯弯曲曲的河道能够降低水流流速，且天然的河岸在洪水来临时能通过水体渗透和两岸河畔树林的储水起到调蓄洪水的作用，由此可见，河道弯曲程度在抵御洪水和发挥河道的社会功能方面发挥着重要的作用，但是，对河流水生态健康的影响较小，故不选择河道弯曲程度作为评价指标。对此，在分类层河流结构指标中选择河流纵向连通性作为本研究区河流水生态健康的评价指标，并用河流纵向连通度对其进行量化。

⑤ 分类层河流栖息地环境指标筛选。栖息地环境能够为水生生物生长、繁殖等提供所需的生存场所，直接影响着河流水生生物的生存和发展。河流物理栖息地质量综合指数是反映河流形态和河岸栖息地环境等因素的一个综合指标[33]，可以包括河岸植被覆盖状况、河岸稳定性和河床稳定性 3 个指标的评价内容。因此，在分类层河流栖息地环境指标中选择河流物理栖息地质量综合指数作为评价指标。

综上所述，通过频度统计法和理论分析法识别出的指标为总氮（TN）、总磷（TP）、溶解氧（DO）、五日生化需氧量（BOD₅）、高锰酸盐指数（CODMn）、化学需氧量（CODCr）、氨氮（NH₄ - N）、浮游植物多样性指数（Shannon - Wiener diversity index of phytoplankton，P - SWDI）、浮游动物多样性指数（Shannon - Wiener diversity index of zooplankton，Z - SWDI）、底栖动物多样性指数（Shannon - Wiener diversity index of benthos，B - SWDI）、流量（Q）、河流纵向连通度（Rivers connectivity，RC）、河流物理栖息地质量综合指数（Habitat quality index，HQI）。

（3）相关性分析终选指标

在利用频度统计法和理论分析法筛选出指标的基础上，利用相关性分析方法对各指标间的相关性进行分析，依据分析结果从中选取相对独立且重要的指标作为评价指标。在分析各指标相关性之前，针对不同分类层所选择的指标，对其内在影响机理进行分析，利用 5 次实验数据对影响作用较大的指标进行相关性分析。

① 指标间内在影响机理研究。河流理化指标分类层筛选出的指标为 TN、TP、DO、BOD_5、COD_{Mn}、COD_{Cr}、NH_4-N。其中，DO 是指溶解在水中的分子态氧，水体中氧的含量主要和空气中氧的分压、大气压力和水温有着密切的关系，也与水体中藻类、有机和无机还原性物质含量有关，是评价河流水质的重要指标之一；COD_{Cr} 和 COD_{Mn} 均表示氧化剂处理水样时所消耗氧化剂的量，能够反映水体中还原性物质和有机物污染的程度，只是二者在处理水样时所用的氧化剂不同，前者是利用重铬酸钾作为氧化剂，后者是以高锰酸钾作为氧化剂，同时，两者相比前者的氧化程度更彻底，更能够反映水体实际的需氧量；BOD_5 能够反映水体中有机物的含量；在水体中，磷几乎都是以各种磷酸盐的形式存在，水体中磷元素的总体含量称为 TP，其含量的多少，是造成水体富营养化的重要指标；TN 包括水体中的有机氮和各种无机氮化物，NH_4-N 是以游离氨（NH_3）和铵离子（NH_4-）形式存在于水中，是 TN 的一部分，水体中 TN 含量超标时，易使水体出现富营养化状态，是衡量水体水质的重要指标，而 NH_4-N 亦是水体富营养化的影响指标，同时其对鱼类及某些水生生物有毒害作用。对此，在河流理化指标分类层中分别选择 TN 和 NH_4-N、COD_{Mn} 和 COD_{Cr} 进行相关性分析。

河流生态指标分类层筛选出的指标为 P-SWDI、Z-SWDI 和 B-SWDI。淡水河流中，浮游植物多是指藻类，其多以单细胞、群体或者丝状体的形式存在，是河流生态系统中最重要的初级生产者。水体中的浮游动物主要以比它们更小的动植物为食，但主要还是浮游植物。底栖动物是指栖息生活在水体底部淤泥内或者石块、砾石的表面或其间隙中，以及附着在水生植物之间的肉眼可见的水生无脊椎动物[100]，其多以藻类、浮游动物或其他底栖动物为食。三者在一定程度上均能够反映水体的水质情况，但前两者抵抗水体流动性的能力较弱，受到河流水流的影响较大；底栖动物移动能力差，受水流影响小，能够较为客观地反映水体环境的变化。由此可见，三者在一定程度上存在一定的相关关系，故选择三者进行相关性分析。

由于河流水文指标分类层、河流结构指标分类层和河流栖息地环境指标分类层各自只包含 1 个指标，分别为 Q、RC 和 HQI。同时，根据闸控河流水生态健康的概念和内涵，这三类指标是河流水生态健康不可缺少的影响因素，故对这 3 个分类层的指标不进行相关性分析，而直接作为终选指标。

② 相关性分析所需数据。为了尽可能准确地得到指标间的相关程度，选择 5 次实验的实验数据进行相关性分析。

相关性分析方法中所需的水体理化指标参数（TN、NH_4-N、COD_{Mn} 和 COD_{Cr}）见 3.2 节。

P-SWDI、Z-SWDI 和 B-SWDI 采用 Shannon-Wiener 指数进行计算，计算方法及结果见 3.6.2 小节。

③ 各指标间相关程度分析。利用 SPSS 19.0 统计软件完成各指标间的相关程度分析，具体参数设置如下：由于每次实验中只有 10 个监测断面，很难保证数据的正态分布，故选用 Spearman 相关分析方法对各指标进行相关性检验；选择双边检验作为显著性检验的方式；选择指标间相关系数显著性标注，如相关系数在 0.05 显著性水平上不为零时，右上角用"*"标识其比较显著，相关系数在 0.01 显著性水平上不为零时，右上角用"**"标识其非常显著；最终，根据各指标间输出的相关系数大小及其显著性水平，来判断各指标间的相关程度。具体结果如表 5-3 至表 5-5 所示。

表 5-3 NH_4-N 与 TN 之间的相关性分析

	NH_4-N	TN
NH_4-N	1.000	
TN	0.682**	1.000

表 5-4 COD_{Cr} 与 COD_{Mn} 之间的相关性分析

	COD_{Cr}	COD_{Mn}
COD_{Cr}	1.000	
COD_{Mn}	0.648**	1.000

表 5-5 P-SWDI、Z-SWDI 和 B-SWDI 之间的相关性分析

	P-SWDI	Z-SWDI	B-SWDI
P-SWDI	1.000		
Z-SWDI	0.208	1.000	
B-SWDI	0.159	−0.003	1.000

从表5-3至表5-5中可以看出，$NH_4 - N$与TN之间具有较强的相关性，相关系数达到0.682，且显著水平为非常显著，因此，在构建评价指标体系时，对二者进行取舍，由于$NH_4 - N$包含于TN，故舍去$NH_4 - N$这个指标；COD_{Cr}与COD_{Mn}之间的相关性也较强，相关系数为0.648，显著水平也为非常显著，由于COD_{Cr}更能够全面反映水体的实际需氧量和水体的实际污染况，故舍去COD_{Mn}这个指标；P-SWDI、Z-SWDI和B-SWDI三者之间没有明显的相关性，相关性系数均较低，其最大的相关系数仅为0.208，且显著性为不显著，故在构建指标体系时，三个指标均保留。

5.4　水生态健康评价指标体系构建

5.4.1　指标体系构建

通过频度统计法、理论分析法和相关性分析法最终得到闸控河流水生态健康关键影响因子，分别为总氮（TN）、总磷（TP）、溶解氧（DO）、五日生化需氧量（BOD_5）、化学需氧量（COD_{Cr}）、浮游植物多样性指数（Shannon - Wiener diversity index of phytoplankton，P - SWDI）、浮游动物多样性指数（Shannon - Wiener diversity index of zooplankton，Z - SWDI）、底栖动物多样性指数（Shannon - Wiener diversity index of benthos，B - SWDI）、流量（Q）、河流纵向连通度（Rivers connectivity，RC）、河流物理栖息地质量综合指数（Habitat quality index，HQI）。依据指标体系的构建原则，构建基于关键影响因子的闸控河流水生态健康评价指标体系，如图5-6所示。

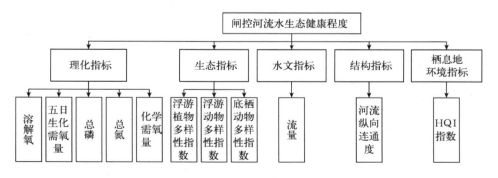

图5-6　闸控河流水生态健康评价指标体系

5.4.2 指标值确定

（1）河流理化指标

DO 浓度与水体中的生物群落组成及分布等密切相关，也是反映水体自净能力的依据，当水体中溶解氧含量逐渐降低时，会导致水体水质恶化，使水体中鱼虾等水生生物大量死亡，是评价河流水质好坏的重要指标之一；BOD_5 主要反映水体中可以被生物利用的有机物污染程度；氮和磷是水体中主要的营养元素，也是生物体必需的元素，是反映水体营养化程度的主要指标；COD_{Cr} 能够反映水体中受到还原性物质和有机物污染的程度。各指标的浓度值具体情况见 3.2 节。

（2）河流生态指标

浮游植物作为水生态系统的重要初级生产者，其多样性等生态学特征是水生态系统的重要内容，是生物监测、水质污染和营养水平评价的重要指标；浮游动物是中上层水域中鱼类等动物的重要饵料，对渔业的发展具有重要意义，且不少种类可作为水污染的指示生物；底栖动物对环境变化较为敏感，且受到水流流动的影响较小，但水体受到污染时，底栖动物多样性将会发生改变，是反映水体健康程度的一个重要指标。三者多样性情况在一定程度能够反映水体的污染或富营养程度，在计算多样性指数时选择适合于浮游植物、浮游动物和底栖动物的 Shannon - Wiener 指数，计算方法及结果见 3.6.2 小节。

（3）河流水文指标

径流是水循环的基本环节，其直接反映河流的水文状况，径流变化影响着河流泥沙的迁移和沉降，进而改变着河流的形态结构，同时，径流变化（如水深、水量、激流、缓流）为水生生物提供生存空间，并对其生长和繁殖产生重要影响。流量是径流的具体体现，是影响河流水生态健康的一个重要水文指标。河流各断面流量数据通过《中华人民共和国水文年鉴》-淮河卷、全国水雨情信息网和安徽水利厅网站等途径查询获得。具体数据如表 5-6 所示。

表 5-6　各监测断面流量值

单位：m^3/s

流量（Q）	2012.12	2013.7	2013.12	2014.7	2014.12
昭平台水库（D1）	5	0.730	0.330	0.238	0.750
白龟山水库（D2）	10	13.50	0	5.41	0.04

（续）

流量（Q）	2012.12	2013.7	2013.12	2014.7	2014.12
漯河市区（D3）	0.5	0.5	9.5	1	13
周口闸（D4）	17	18	65	14	6.21
槐店闸（D5）	0	0	67	0	0
阜阳闸（D6）	0	0	0	0	14.9
颍上闸（D7）	0	0	11.9	0	12.1
临淮岗闸（D8）	0	19.68	0	84.60	0
鲁台子水文站（D9）	680	600	105	412	518
蚌埠闸（D10）	100	170	86.3	1 158	194

（4）河流结构指标

河流纵向连通度反映河流纵向的连续性，能够描述水体营养物质、污染物质输送的通畅程度及水生生物迁移的顺利程度。河流纵向连通度计算方法[29]具体公式如下：

$$RC = \frac{P_i}{L_i} \quad i = 1, \cdots, n \qquad (5.1)$$

式中：RC 表示河流纵向连通度，单位为个/km；P_i 表示研究区内第 i 个研究点上游河道存在的断点数，单位为个；L_i 表示研究区域内第 i 个研究点上游河道的长度，单位为 km。在实验期间，淮河中上游河道内没有修建或拆除闸坝工程，故各监测断面的连通度没有变化，其具体值如表 5-7 所示。

表 5-7　各监测断面河流纵向连通度值

单位：个/km

	D1	D2	D3	D4	D5	D6	D7	D8	D9	D10
连通度（RC）	0.000	0.033	0.023	0.019	0.018	0.021	0.019	0.003	0.018	0.021

（5）河流栖息地环境指标

HQI 是综合反映河流形态和河岸栖息地环境等因素的一个指标[33]，能够为水生生物生长、繁殖等提供所需的生存场所和空间，直接影响着河流水生生物的生存和发展。计算时，主要从底质、栖境复杂性、流速和深度结合、堤岸稳定性、河道变化、河水水量状况、植被多样性、水质状况、人类活动强度和河岸边土壤利用类型方面对栖息地环境进行评价[109]，并根据评价标准对各指标进行打分，然后累计求和得到 HQI。该数值越大表明该处河流栖息地环境质量越好。现场实验时，各监测断面的 HQI 情况如表 5-8 所示。

表 5-8　各监测断面 HQI 值

HQI	2012.12	2013.7	2013.12	2014.7	2014.12
昭平台水库（D1）	165	153	140	112	131
白龟山水库（D2）	130	154	82	93	133
漯河市区（D3）	95	106	68	118	121
周口闸（D4）	126	116	100	73	129
槐店闸（D5）	140	101	82	108	115
阜阳闸（D6）	140	116	112	113	114
颍上闸（D7）	110	135	136	138	125
临淮岗闸（D8）	141	103	139	141	124
鲁台子水文站（D9）	135	110	126	146	108
蚌埠闸（D10）	170	128	115	140	131

6 闸控河流水生态健康评价

将第 5 章中识别出来的 11 个关键影响因子（TN、TP、DO、BOD$_5$、COD$_{Cr}$、P-SWDI、Z-SWDI、B-SWDI、Q、RC、HQI）作为淮河中上游河流水生态健康的评价指标。从 2012 年 12 月份开始，通过开展现场实地调查、室内样品检测和相关数据收集，整理出以下数据资料：2012—2014 年各监测断面的水体理化指标数据、2012—2014 年各监测断面的浮游植物、浮游动物和底栖动物数据资料、2012—2014 年各监测断面的河流栖息地环境数据资料、2003—2014 年淮河流域的水文资料。结合淮河中上游河流现状和收集资料情况，对 2012—2014 年淮河中上游冬季和夏季水生态健康情况进行评价。书中运用的权重确定方法及水生态健康评价方法也适用于其他闸控河流。

6.1 水生态健康评价方法及标准

水生态健康评价常用的方法可以分为单指标评价法和多指标综合评价法两大类，主要有指示生物法、预测模型方法、生物完整性指数、RCE 清单、溪流状况指数、鱼类生物完整性指数和评价指标体系法等。国内外水生态健康状况部分评价方法如表 6-1 所示。

表 6-1　国内外河流水生态健康状况部分评价方法

国家	评价方法	提出者及时间	所属类别	研究内容	优缺点
美国	生物完整性指数[138]	Karr (1981)	多指标评价法	运用水域生物群落结构和功能，用 12 项指标来评价河流水生态健康程度	运用较为广泛，但对分析人员专业性要求高
	岸边与河道环境细则[139]	Petersen (1992)	多指标评价法	构建 16 个指标的指标体系，并将河流健康状况分为 5 个等级	能够快速评价河流健康状况，适用于小型河流的物理和生物状况

（续）

国家	评价方法	提出者及时间	所属类别	研究内容	优缺点
美国	快速生物监测协议[140]	美国环保署（1989、1999）	多指标评价法	涵盖生境指标和生物指标的评价方法	提供的评价方法和标准较多，但栖息地质量评价时，最佳状态的参照状态较难确定
英国	河流无脊椎动物预测和分类计划[141]	Wright（1984）	单指标评价法	预测河流自然状态应存在的无脊椎动物，并与实际值比较，评价河流健康状况	预测某区域理论上应该存在的生物量，但结果具有片面性
英国	河流生态环境调查[142]	Raven（1997）	多指标评价法	通过指标体系评价，判断现状与自然状态之间的差距	将生境指标与河流形态、生物组成相联系，但某些指标可能与生物之间的关系不明确，且部分评价数据为定性数据
澳大利亚	澳大利亚评价计划[34]	Hart（2001）	单指标评价法	在评价数据采集和分析方面对河流无脊椎动物预测和分类计划方法进行修改，比较适合于澳大利亚河流的水生态健康评价	与河流无脊椎动物预测和分类计划的优缺点类似
澳大利亚	溪流健康指数[40]	Ladson（1999）	多指标评价法	将河流实际指标与参照点进行对比和评分，评分结果作为评价的综合指数，并将河流健康状态划分为健康、好、一般、差、较差5个等级	融合河流主要的表征因子，能够进行长期评价，但其较适合于10～30 km受扰历时较长的农村河流，且选择参照河流时主观性较大
南非	河流健康计划[143]	Rowntree（1994）	多指标评价法	提供可供参考的评价指标体系和建立在等级基础上用于河流生物监测的框架	能够运用生物群落指标来反映外界干扰对河流系统的影响，但部分指标获取困难

（续）

国家	评价方法	提出者及时间	所属类别	研究内容	优缺点
中国	鱼类生物完整性指数[56]	宋智刚（2010）	多指标评价法	将鱼类作为指示物种，求得 IBI 值，并将其分为健康、亚健康、一般、较差和极差 5 个等级	能够准确和完全反映系统健康状况和受干扰的强度；但是鱼类的移动能力强，对胁迫的耐受程度较低
	指标体系法[48]	赵彦伟（2005）	多指标评价法	从影响河流水生态健康的因素出发，构建指标体系进行评价，并建立 5 个等级	指标选取时主观性较强，构建的指标体系很难统一

从表 6-1 中可以看出，国外对河流水生态健康评价的研究开展较早，早在 20 世纪初德国学者 Kolkwita 和 Marsson 就提出了指示生物的概念[115]，其主要是采用某种指示生物对河流的水生态情况进行评价，如海獭和轮虫等。后来逐渐出现多指标评价方法，其中也形成了几种比较成熟的评价方法，如生物完整性指数、溪流健康指数和河流健康计划等。但是，这些方法的提出均具有一定的地域性，使其使用范围也具有一定的局限性。国内对河流水生态健康评价采用单指标评价法的研究较少，多是采用指标体系评价法（多指标综合评价法）。虽说这类方法也有一定的不足，但其针对性强，一般能够满足所研究区域的需要。因此，本书构建以水生态健康综合指数为量化目标的指标体系。

为了对闸控河流水生态健康程度进行评价，采用基于线性加权的综合指数法进行河流水生态健康评价，构建河流水生态健康综合指数评价模型。具体评价步骤如下：

① 建立因素集 $U = \{u_1, u_2, \cdots, u_i\}$，其中 $u_1, u_2, \cdots, u_i$ 为识别出的关键影响因子，具体数据可由现场监测或其他方式获得。

② 构建单因子模糊评价集 $I = \{I_1, I_2, \cdots, I_i\}$，基于获取的原始数据资料，利用数据归一化处理方法，对其进行归一化处理，进而得到相应的模糊评价集。在进行数据归一化处理时，将影响因子分为正向或逆向两种（即越大越优和越小越优两种），利用极值归一化方法对数据进行处理，具体计算公式为：

$$越大越优型： r_{ij}(x_i) = \begin{cases} 1 & (x_i \geqslant x_{max}) \\ \dfrac{x_i - x_{min}}{x_{max} - x_{min}} & (x_{min} < x_i < x_{max}) \\ 0 & (x_i \leqslant x_{min}) \end{cases} \quad (6.1)$$

$$越小越优型： r_{ij}(x_i) = \begin{cases} 0 & (x_i \geqslant x_{max}) \\ \dfrac{x_{max} - x_i}{x_{max} - x_{min}} & (x_{min} < x_i < x_{max}) \\ 1 & (x_i \leqslant x_{min}) \end{cases} \quad (6.2)$$

式中：X_{max}、X_{min} 为同类指标不同样本中最满意者或最不满意者（越小越满意或越大越满意）。

③ 建立权重集 $W = \{w_1, w_2, \cdots, w_i\}$，利用适宜的因子权重值计算方法进行确定。

④ 计算水生态健康综合指数（Water ecological health composite index，WEHCI），公式如下：

$$WEHCI = \sum_{i=1}^{n} W_i \times I_i \quad (6.3)$$

式中：WEHCI 为水生态健康综合指数值，其值范围为 0～1；W_i 为评价指标在综合评价指标体系中的权重值，其值范围为 0～1；I_i 为评价指标归一化值，其值范围为 0～1[29]。

目前，在水生态健康评价中没有形成统一的评价标准分级方法。为此，本书参考国内外相关研究成果，对比分析其他区域河流水生态健康的评价标准，建立闸控河流水生态健康评价标准，分为"健康"、"亚健康"、"临界"、"亚病态"、"病态"五个等级，具体分级情况如表 6-2 所示。

表 6-2 水生态健康状态分级情况[20]

分级	水生态健康评价标准	健康状况
I	0.8～1.0	健康
II	0.6～0.8	亚健康
III	0.4～0.6	临界
IV	0.2～0.4	亚病态
V	0～0.2	病态

6.2 评价指标权重确定

在河流水生态健康评价过程中，应用评价方法之前需对各评价指标的权重进行确定，以此表明各指标对河流水生态健康情况的影响程度。目前，根据人们主观参与的程度，将常用的权重确定方法分为主观赋权法和客观赋权法两类。主观赋权法主要包括德尔菲法（专家咨询法）、二项系数法、层次分析法、环比评分法等；客观赋权法主要包括特征向量法、加权最小二乘法、最大方差法、熵权法和主成分分析法等。前者是一种定性分析的方法，主要依靠决策者的主观看法或经验给出指标的权重，其优点是充分体现专家的经验，确定的权重一般情况下比较符合实际情况，但其存在主观性太强，不能充分考虑指标间的内在联系和随时间的渐变性。后者则是一种定量分析的方法，主要是利用指标的数据信息，通过一定的运算，计算出各指标的权重系数，其优点是能有效地传递评价指标的数据信息与差别，缺点是过于依靠数据，有时存在得出的权重与实际情况不符的现象。针对权重确定方法的优缺点，综合运用层次分析法（主观赋权法）和熵权法（客观赋权法）确定各指标的初始权重，在此基础上利用组合权重法得到各指标的最终权重。根据构建的闸控河流水生态健康评价指标体系，设目标层闸控河流水生态健康程度为 A；分类层河流理化指标、河流生态指标、河流水文指标、河流结构指标和河流栖息地环境指标分别为 B1、B2、B3、B4 和 B5；指标层 TN、TP、DO、BOD_5、COD_{Cr}、P‒SWDI、Z‒SWDI、B‒SWDI、Q、RC 和 HQI 分别为 C1、C2、C3、C4、C5、C6、C7、C8、C9、C10 和 C11。

6.2.1 层次分析法确定权重

（1）层次分析法

层次分析法（Analytic hierarchy process，AHP）是定性和定量因素相结合的多准则决策方法，通过指标间的两两比较确定各层次因素之间的相对重要性，结合专家意见得出各指标的权重[144]。计算过程如下：

① 构造判断矩阵。对各分类层的指标进行两两比较，结合专家咨询，给出各指标的重要性排序，以构造判断矩阵 $A = (a_{ij})_{n \times m}$。目前通用的打分规则如表 6‒3 所示。

表 6-3 构造比较判断矩阵

数值	两因子之间相比较的含义
1	两因子具有同样重要
3	一个因子比另外一个稍微重要
5	一个因子比另外一个明显重要
7	一个因子比另外一个重要得多
9	一个因子比另外一个极为重要
2，4，6，8	上述相邻判断的中间值
倒数	因子 i 与 j 比较判断为 a_{ij}，则因子 j 与 i 比较为 $a_{ji} = \dfrac{1}{a_{ij}}$

② 计算权向量及特征值。对给定的判断矩阵 $A = (a_{ij})_{n \times m}$，确定权向量 $W = (w_1, w_2, \cdots, w_n)^T$ 及特征值 λ_1。其中：

$$w_i = \frac{1}{n} \sum_{j=1}^{n} \frac{a_{ij}}{\sum_{k=1}^{n} a_{kj}}, \ i = 1, 2, \cdots, n \qquad (6.4)$$

$$\lambda_1 = \frac{1}{n} \sum_{i=1}^{n} \frac{\sum_{j=1}^{n} a_{ij} w_j}{w_i} \qquad (6.5)$$

③ 一致性检验[145]。判断矩阵的一致性指标为 CI，随机一致性指标是 RI，一致性比率为 CR。当 $n > 2$ 时，$CI = \dfrac{\lambda_{\max} - n}{n - 1}$，$CR = \dfrac{CI}{RI}$，其中 RI 的取值如表 6-4 所示。当 $CR < 0.1$ 时，就认为满足一致性要求，并以 λ_1 所对应归一化后的特征向量作为权向量，即得所求的基础权重 $W = (w_1, w_2, \cdots, w_n)^T$；当 $n \leqslant 2$ 时，无须进行一致性检验。

表 6-4 平均随机一致性指标 RI 值

矩阵阶数	1	2	3	4	5	6	7	8	9	10	11
RI	0	0	0.52	0.89	1.12	1.26	1.36	1.41	1.46	1.49	1.52

（2）各指标权重值确定

依据构建体系中的分类层和指标层中各指标的重要程度，通过专家咨询对各指标的重要程度进行判别，同时结合淮河中上游河流水生态实际情况，分别构建分类层和指标层的判断矩阵。在此基础上，对各指标权重进行计算，并对其一致性展开检验。各指标层评价指标总权重的确定是依据各分类层权重进行计算得到，具体的计算公式为：

$$C_i^* = \sum_i^k B_{i(k)} C_{i(k)} \tag{6.6}$$

式中：$B_{i(k)}$ 为分类层的单权重；$C_{i(k)}$ 为各评价指标的单权重。当某一指标 $C_{i(k)}$ 与分类层无关时，C_i^* 为 0。

结合构造的判断矩阵和计算公式，分别计算出指标体系中分类层和指标层各指标的权重值，并利用公式（6.6）计算出各指标的总权重值，即为初始权重值。同时，为了验证各指标权重值是否合理，需对分类层权重值、指标层权重值和各指标总权重进行一致性检验，具体检验结果如表 6-5 所示。

表 6-5　各指标初始权重值的一致性检验

	A—B	B1—Ci	B2—Ci	B3—Ci	B4—Ci	B5—Ci	总值
CI_j	0.029 3	0.014 3	0	1	1	1	0.006 3
RI_j	1.12	1.12	0.52	0	0	0	0.477 5
CR_j	0.026 1	0.012 7	0	$n \leqslant 2$	$n \leqslant 2$	$n \leqslant 2$	0.013 2

从表 6.5 中可以看出，无论是分类层和指标层分权重以及总权重值均能够通过一致性检验，其权重值是合理的。因此，可以得到各指标（TN、TP、DO、BOD$_5$、COD$_{Cr}$、P-SWDI、Z-SWDI、B-SWDI、Q、RC 和 HQI）的初始权重分别为 0.072 4、0.026 3、0.028 4、0.013 6、0.075 7、0.090 5、0.135 7、0.226 2、0.134 7、0.072 3、0.124 2。

6.2.2　熵权法确定权重

（1）熵权法

利用熵权法计算指标权重值时，其本质是利用指标信息的效用值来计算，效用值越高，对评价的重要性越大[146]。其计算步骤如下：

① 构建 n 个样本、m 个评价指标的判断矩阵。

② 将判断矩阵归一化处理，得到归一化判断矩阵 A，A 中元素的表达式为：$R = (X_{ji})_{n \times m}$。

③ 根据熵的定义，n 个样本 m 个评价指标，可确定评价指标的熵为：

$$H_i = -\frac{1}{\ln n}\Big[\sum_{i=1}^n f_{ij}\ln f_{ij}\Big] \tag{6.7}$$

式中：$f_{ij} = \dfrac{r_{ij}}{\sum\limits_{j=1}^{n} r_{ij}}$，当 f_{ij} 为 0 时，令 $f_{ij}\ln f_{ij}=0$。

④ 利用熵值计算评价指标的熵权：

$$w_i = \frac{1 - H_i}{m - \sum\limits_{i=1}^{m} H_i} \tag{6.8}$$

式中：$0 \leqslant w_i \leqslant 1$，$\sum\limits_{i=1}^{m} w_i = 1$。

（2）权重值确定

依据熵权法确定权重的计算方法，结合 5 次实验中实际监测的数据和水文年鉴或网上查询的数据资料，在构建判断矩阵的基础上，分别利用极值归一化方法对 10 个评价断面及每个断面的 11 个指标值进行归一化处理。但在进行流量归一化处理时，为了充分考虑河道各断面的实际过流情况，查阅实验期间相关的数据资料，取多年流量资料中 80% 频率对应的流量值作为断面最大流量值，取 10% 频率对应的流量值作为断面最小流量值，分断面对流量进行归一化处理。若实测流量不在这个范围内，最大值超出范围时，该点归一化结果为 1；最小值超出范围时，则将实验值作为最小值进行归一化处理。在此基础上，利用公式（6.7）和（6.8）计算得到各指标的权重值，即 TN、TP、DO、BOD_5、COD_{Cr}、P-SWDI、Z-SWDI、B-SWDI、Q、RC 和 HQI 对应的权重值分别为 0.046 1、0.037 2、0.042 4、0.014 4、0.042 7、0.033 8、0.047 9、0.141 4、0.447 2、0.098 2、0.048 7。

6.2.3 组合权重法确定最终权重

（1）组合权重法[147]

由层次分析法所得到的权重为主观权重，记为 $w' = [w_1', w_2', \cdots, w_n']^T$；由熵权法所得到的权重为客观权重，记为 $w'' = [w_1'', w_2'', \cdots, w_n'']^T$。满足 $0 < w_i' < 1$，$0 < w_i'' < 1$，$\sum w_i' = 1$，$\sum w_i'' = 1$，式中 $i = 1, 2, \cdots, n$。

将主观权重值和客观权重值进行线性组合得到最终权重值，记为 $w_i = [w_1, w_2, \cdots, w_n]^T$。其中 $w_i = \alpha w_i' + \beta w_i''$，满足 $0 < w_i < 1$，$\sum w_i = 1$；α 和 β 分别表示主观权重和客观权重的相对重要程度，满足 $0 \leqslant \alpha \leqslant 1$，$0 \leqslant \beta \leqslant 1$ 且 $\alpha + \beta = 1$。

（2）最终权重值

主观赋权法和客观赋权法各有其优缺点，但是主观赋权法主要是根据专家自身的丰富经验进行赋权，其权重值往往更为接近实际情况，故在利用组合权重法计算最终权重的过程中，赋予主观权重相对重要的程度，取其值为 0.6；客观权重相对重要程度的赋值为 0.4。因此，根据公式 $w_i = \alpha w_i' + \beta w_i''$（其中，$w_i'$ 为主观权重值；w_i'' 为客观权重值）可以得到各指标的最终权重值，如表 6-6 所示。

表 6-6　各指标最终权重值

评价指标	TN	TP	DO	BOD_5	COD_{Cr}	P-SWDI
权重值	0.061 9	0.030 6	0.034 0	0.013 9	0.062 5	0.067 8
评价指标	Z-SWDI	B-SWDI	Q	RC	HQI	
权重值	0.100 6	0.192 3	0.259 7	0.082 7	0.094 0	

6.3　水生态健康评价

在进行闸控河流水生态健康评价时，本书选择组合权重—综合指数评价模型对闸控河流水生态健康程度进行评价，该模型是将组合权重法（层次分析法和熵权法）和水生态健康综合指数评价法进行有机结合，即先通过组合权重法确定指标层各个评价指标的权重值，然后利用水生态健康综合指数评价模型对各监测断面的水生态健康状况进行评价。具体评价过程如图 6-1 所示。

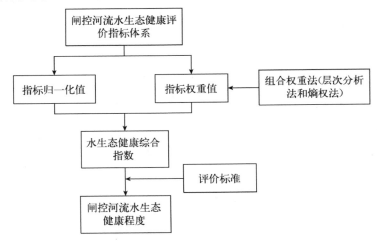

图 6-1　闸控河流水生态健康评价过程示意图

6.3.1 评价结果

在构建闸控河流水生态健康评价指标体系的基础上，利用水生态健康综合指数评价模型，对各监测断面的水生态健康程度进行计算和评价，具体结果如表 6-7 和表 6-8 所示。

表 6-7 淮河中上游各监测断面的水生态健康综合指数值

站点	D1	D2	D3	D4	D5	D6	D7	D8	D9	D10
2012.12	0.927	0.577	0.493	0.429	0.283	0.393	0.401	0.491	0.657	0.519
2013.07	0.697	0.528	0.414	0.487	0.413	0.393	0.501	0.494	0.625	0.434
2013.12	0.649	0.372	0.495	0.566	0.523	0.480	0.450	0.426	0.371	0.549
2014.07	0.431	0.394	0.334	0.239	0.306	0.364	0.374	0.777	0.516	0.641
2014.12	0.630	0.469	0.547	0.268	0.299	0.433	0.467	0.432	0.558	0.362

表 6-8 淮河中上游各监测断面的水生态健康程度

健康程度	D1	D2	D3	D4	D5	D6	D7	D8	D9	D10
2012.12	健康	临界	临界	临界	亚病态	亚病态	临界	临界	亚健康	临界
2013.07	亚健康	临界	临界	临界	临界	亚病态	临界	临界	亚健康	临界
2013.12	亚健康	亚病态	临界	临界	临界	临界	临界	临界	亚病态	临界
2014.07	临界	亚病态	亚病态	亚病态	亚病态	亚病态	亚病态	亚健康	临界	亚健康
2014.12	亚健康	临界	临界	亚病态	亚病态	临界	临界	临界	临界	亚病态

从表 6-8 中可以看出，5 次实验中，只有第 1 次实验（2012.12）昭平台水库监测断面（D1）的水生态健康程度为"健康"；第 2 次实验（2013.7）、第 3 次实验（2013.12）和第 5 次实验（2014.12）中昭平台水库监测断面（D1）的水生态健康程度为"亚健康"，除此之外，第 4 次实验（2014.7）临淮岗闸监测断面（D8）、第 1 次实验和第 2 次实验鲁台子水文站监测断面和第 4 次实验蚌埠闸监测断面的水生态健康程度也为"亚健康"，但仅占总数的 14%。多数监测断面中的水生态健康程度均在"临界"状态及以下，其中槐店闸监测断面（D5）和阜阳闸监测断面（D6）的水生态健康状况最差，5 次实验中多为"亚病态"状态，两者相比，槐店闸监测断面的水生态健康状况更差一些（见表 6-7 中的数据值）。总体上说，沙颍河上游 1 个监测断面（D1）的水生态健康程度较好，多处于"亚健康"或"健康"状态；其次，淮河干流 3

个监测断面（D8～D10）的水生态健康状况，多处于"临界"或"亚健康"状态；沙颍河中下游2个监测段面（D5和D6）的水生态健康程度最差，多处于"亚病态"状态[148]。

6.3.2 河流水生态健康程度变化趋势

为了研究5次实验中各监测断面水生态健康程度的空间变化趋势，利用Arc GIS软件对表6-7中的计算结果进行作图，具体情况如图6-2至图6-6所示。图中圆点大小表示该监测断面的水生态健康程度高低，点越大表明水生态健康程度越好。

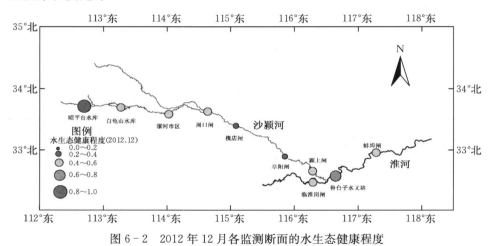

图6-2　2012年12月各监测断面的水生态健康程度

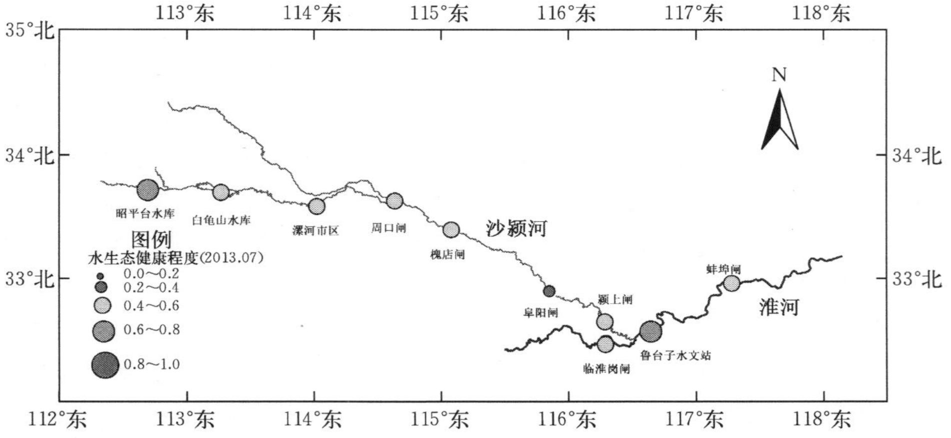

图6-3　2013年7月各监测断面的水生态健康程度

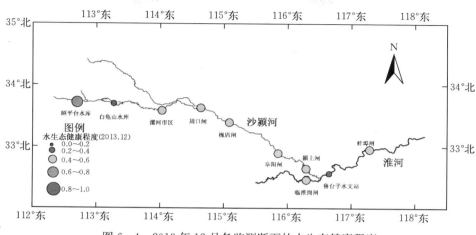

图6-4 2013年12月各监测断面的水生态健康程度

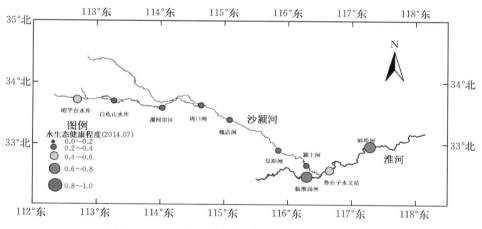

图6-5 2014年7月各监测断面的水生态健康程度

从图6-2至图6-6中可以看出：

（1）从2012年12月第1次实验的水生态健康评价结果可以看出，沙颍河上游各监测断面和淮河干流各监测断面的水生态健康程度要优于沙颍河中下游各监测断面；水生态健康程度最差的监测断面为槐店闸和阜阳闸监测断面，处于"亚病态"状态；水生态健康程度最好的监测断面为昭平台水库监测断面，处于"健康"状态。

（2）从2013年7月第2次实验的水生态健康评价结果可以看出，沙颍河

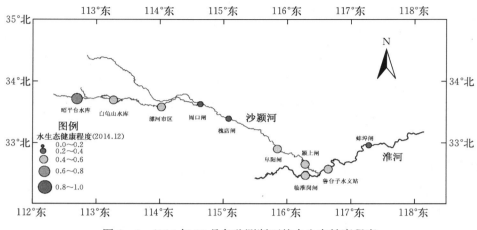

图 6-6 2014 年 12 月各监测断面的水生态健康程度

上游 D1 监测断面和淮河干流各监测断面的水生态健康程度要优于沙颍河中下游的监测断面；与第 1 次实验相比处于"亚病态"的监测断面略有减少，只有阜阳闸监测断面处于"亚病态"状态；水生态健康程度最好的监测断面为昭平台水库和鲁台子水文站监测断面，处于"亚健康"状态。

（3）从 2013 年 12 月第 3 次实验的水生态健康评价结果可以看出，沙颍河上游 D1 监测断面仍是水生态健康程度最好的断面，处于"亚健康"状态；淮河干流各监测断面的水生态健康程度有所降低，均处于"临界"或"亚病态"状态；最差水生态健康程度的断面出现在鲁台子水文站监测断面（D9）和白龟山水库监测断面（D2），为"亚病态"状态；而沙颍河中下游各监测断面的水生态健康程度有所提高，均处于"临界"状态。

（4）从 2014 年 7 月第 4 次实验的水生态健康评价结果可以看出，沙颍河上游各监测断面的水生态健康程度明显下降，特别是昭平台水库监测断面（D1），其水生态健康程度由前 3 次实验的"健康"或"亚健康"状态降为"临界"状态；淮河干流各监测断面的水生态健康程度则好于其他监测断面，其中，临淮岗闸监测断面（D8）和蚌埠闸监测断面（D10）的健康程度最好，为"亚健康"状态；而从白龟山水库监测断面到颍上闸监测断面均处于"亚病态"状态。

（5）从 2014 年 12 月第 5 次实验的水生态健康评价结果可以看出，沙颍河上游各监测断面的水生态健康程度较第 4 次实验有所好转，昭平台水库监测断面处于"亚健康"状态，其余处于"临界"状态；淮河干流各监测断面的水生态健康程度有所降低，特别是蚌埠闸监测断面（D10）处于"亚病态"状态；而沙颍河中下游各监测断面的水生态健康程度仍较低，特别是周口闸监测断面（D4）和槐店闸监测断面（D5）均处于"亚病态"状态。

总之，多数情况下沙颍河上游昭平台水库监测断面（D1）的水生态状况好于其他监测断面的水生态健康状况，分析原因是该监测断面位于沙河上游，人类活动较少，只是存在偶尔的采砂活动，排入河流中的生活污水也较少，故水质情况较好，这与河流水体理化指标和生态学水质评价结果较为一致（见表3-5至表3-7和表3-9），且其水体常年保持一定的流量值，能够为水生生物提供必要的生存环境；同时，该监测断面的河流栖息地质量指数较大（表5-8），能够为水生生物的生长和繁殖提供适宜的场所，这与Shannon-Wiener多样性指数结果较为一致（表3-7和表3-9），特别是第4次实验（2014.7）的水生生物评价结果一定程度上揭示其水生态健康程度较差的原因。

沙颍河中下游各监测断面的水生态健康程度较差，多处于"亚病态"或"临界"状态，特别是槐店闸和阜阳闸监测断面（D5和D6）其水生态健康程度多数情况下均比其他断面差。分析其原因是这些监测断面多处于城市内，或者位于市郊，受到人类活动影响比较大，同时这些河段接纳大量的生活或工业污水；从《2014年中国环境状况公报》中公布的数据可以看出，这些河段的水质多为劣Ⅴ类水水质，这也与实验中对河流水质指标的监测和评价结果较为一致（表3-5至表3-7和表3-9）。同时，这些河段的渠道固化现象严重，受闸坝调控方式影响比较大，不能较好地为水生生物的生长和繁殖提供较为适宜的生存场所，加之水体污染较为严重，也导致水体中水生生物多样性的降低（表3-7和表3-9），这些因素都使得这些河段的水生态健康程度较低。

淮河干流上3个监测断面的水生态健康状况要好于沙颍河中下游的监测断面，主要是其会受到上游来水来污条件的影响，而淮河干流的水质情况一般要好于沙颍河中下游的水质（见《2014中国环境状况公报》）；同时，临淮岗闸和蚌埠闸调控方式的改变也会影响到其水生态健康程度，如2014年7月第4次实验时临淮岗闸正在实施闸坝调控（向下游泄水），这就使得该监测断面的水生生物多样性和水生态健康状况有明显的好转；而鲁台子水文站监测断面（D9）处于淮河干流上，其水生态健康程度主要受到上游来水来污的影响比较大，5次实验中多数情况下其健康程度为"临界"及以上状态，只有2013年12月第3次实验中其水生态健康程度为"亚病态"状态，而这次实验时其上游来水量明显偏少（表5-6）。同时，从水体理化指标检测结果可以看出，该次实验中其 TN 浓度值要大于其余 4 次实验的浓度值（图3-9），这也是其水生态健康程度较低的一个原因。

6.3.3 各指标对水生态健康的影响程度

河流水生态健康状况受到诸多因素的影响，而这些因素对其影响程度也不同。对此，采用灰色关联度分析方法分析各指标对河流水生态健康的影响。灰色关联度分析是基于行为因子序列微观或宏观的几何接近，分析和确定因子间的影响程度或因子对主行为贡献测度的分析方法。曲线越接近，相应序列间的关联度越大，反之越小[149]。

按灰色关联分析方法的理论要求，将淮河中上游研究区域的水生态健康综合指数与 11 个关键影响因子（TN、TP、DO、BOD_5、COD_{Cr}、P-SWDI、Z-SWDI、B-SWDI、Q、RC 和 HQI）视为一个整体，构建一个灰色系统，基于灰色关联度计算方法，计算水生态健康综合指数与关键影响因子之间的灰色关联度。设水生态健康综合指数为参考序列 X_0，11 个关键影响因子分别为比较数列 X_1、X_2、X_3、X_4、X_5、X_6、X_7、X_8、X_9、X_{10} 和 X_{11}，关键影响因子 X_i 与水生态健康综合指数 X_0 的关联度为：

$$r(x_0(k),\ x_i(k)) = \frac{\min\limits_{i}\min\limits_{k}|x_0(k)-x_i(k)| + \xi\max\limits_{i}\max\limits_{k}|x_0(k)-x_i(k)|}{|x_0(k)-x_i(k)| + \xi\max\limits_{i}\max\limits_{k}|x_0(k)-x_i(k)|}$$

$$\tag{6.9}$$

$$\gamma(x_0,\ x_i) = \frac{1}{n}\sum_{k=1}^{n}r(x_0(k),\ x_i(k)) \tag{6.10}$$

式中：$r(x_0(k),\ x_i(k))$ 为 X_i 对 X_0 在 k 点的关联系数；ξ 为灰色分辨系数，其值范围在 0～1 之间，一般取 0.5；$\min\limits_{k}|x_0(k)-x_i(k)|$ 表示 X_0 数列与 X_i 数列对应点差值的最小值，$\min\limits_{i}\min\limits_{k}|x_0(k)-x_i(k)|$ 在此基础上得到的最小差值；$\max\limits_{k}|x_0(k)-x_i(k)|$ 表示 X_0 数列与 X_i 数列对应点差值的最大值，$\max\limits_{i}\max\limits_{k}|x_0(k)-x_i(k)|$ 在此基础上得到的最大差值。计算出关联度 $\gamma(x_0,\ x_i)$ 后，即可根据其大小来判断参考数列与比较数列的紧密程度[150]。

根据前文中对河流水生态健康的评价结果，结合各指标的实测值，利用灰色关联度分析方法对各关键影响因子与水生态健康综合指数的关联度进行计算，并对各监测断面的关联度进行排序，从中分析出各监测断面中对水生态健康影响较大的因子。具体的关联度计算结果及排序情况如表 6-9 所示。

表 6-9 各监测断面的指标关联度及排序情况

监测断面	TN	TP	DO	BOD$_5$	COD$_{Cr}$	P-SWDI	Z-SWDI	B-SWDI	Q	RC	HQI
D1	0.464 10	0.492 9	0.793 3	0.516 7	0.383 11	0.693 4	0.836 2	0.659 5	0.553 6	0.516 7	0.852 1
D2	0.563 9	0.708 2	0.612 7	0.730 1	0.484 11	0.535 10	0.689 3	0.639 5	0.579 8	0.617 6	0.667 4
D3	0.744 2	0.562 9	0.738 3	0.622 8	0.370 11	0.838 1	0.693 6	0.732 4	0.698 5	0.494 10	0.627 7
D4	0.557 9	0.407 10	0.732 4	0.657 7	0.402 11	0.783 2	0.828 1	0.741 3	0.665 6	0.593 8	0.670 5
D5	0.459 7	0.390 10	0.710 3	0.569 6	0.385 11	0.427 9	0.601 5	0.748 2	0.783 1	0.681 4	0.438 8
D6	0.504 11	0.652 3	0.636 5	0.607 7	0.574 9	0.555 10	0.667 2	0.762 1	0.608 8	0.632 6	0.637 4
D7	0.578 9	0.540 10	0.837 2	0.607 6	0.479 11	0.633 5	0.860 1	0.748 3	0.598 8	0.607 6	0.652 4
D8	0.521 11	0.572 10	0.750 3	0.703 5	0.753 2	0.605 9	0.646 7	0.729 4	0.683 1	0.703 5	0.611 8
D9	0.556 7	0.621 5	0.577 6	0.542 8	0.660 3	0.653 4	0.814 2	0.497 11	0.896 1	0.542 8	0.503 10
D10	0.529 6	0.463 11	0.515 10	0.516 8	0.521 7	0.762 1	0.694 3	0.733 2	0.626 4	0.516 8	0.578 5

从表 6-9 中可以看出，不同监测断面中各关键指标对水生态健康程度的影响不同。以槐店闸监测断面（D5）为例，对水生态健康程度影响最大的前 5 位指标依次为流量（Q）、底栖动物多样性指数（B-SWDI）、溶解氧（DO）、纵向连通度（RC）和浮游动物多样性指数（Z-SWDI）。这些分析结果可以为闸坝调控提供基础，在进行河流各监测断面水生态健康程度调控时，可以参考各监测断面关键指标的关联度及排序情况，有针对性地开展调控工作。

7　闸控河流水生态健康和谐调控研究

闸坝调控方式的改变会对水体中理化指标、水生生物指标等产生影响，而淮河流域闸坝众多，在进行河流水生态健康评价时必须考虑闸坝调控对其影响。本章构建基于闸控河流水生态健康的和谐调控体系及模型，并以 MIKE 11 模型中的 HD 模块和 ECO Lab 模块为基础，构建闸坝调控作用下的水动力和水质模型，在水体污染物浓度、流量等参数模拟的基础上，结合建立的水体理化指标与生物多样性指数之间的定量关系，对生物多样性指数进行预测。根据预设的调控情景对影响河流水生态健康程度的指标进行模拟和预测，并利用构建的指标体系对河流水生态健康程度进行评价。在此基础上，基于关键影响因子提出可行的和谐调控措施。构建的和谐调控体系及模型也适用于其他闸控河流。

7.1　闸控河流水生态健康和谐调控概述

为了合理地开发利用水资源，人们在河流上修建了大量的闸坝工程，这些工程在"兴水利，除水害"方面发挥着重要的作用。但是，随着经济社会的飞速发展，大量的生活污水和工业废水排入河中，而闸坝的修建又影响着水体污染物的时空分布，人们开始逐步认识到闸坝工程对河流水环境和水生态的影响。那么，如何利用闸坝的调控能力减轻或消除闸坝工程对河流水环境和水生态产生的负面影响，实现河流水生态状况向好的方向发展，这个问题已经引起国内外学者的广泛关注，也成为国际水文生态领域研究的热点问题。

本书在进行河流水生态健康和谐调控时参考郑州大学左其亭提出的和谐论理论体系，该理论是以辩证唯物主义"和谐"思想为基本指导思想，包括和谐评估与和谐调控两个主要技术方法，同时，其指出和谐调控是针对具体问题为了达到和谐状态而采取的具体调控措施[151]。而本书在对河流水生态健康程度进行调控计算时，基于河流水生态健康发展的和谐思想，充分考虑水文、水质、水生态、栖息地环境、连通情况等多方面的因素，以实现河流水生态健康的和谐发展为和谐思想的表现形式，与左其亭提出的和谐评估和调控在本质上具有一致性。因此，将河流水生态健康综合指数作为调控的和谐目标，针对这个和谐目标需要采取不同的调控措施，使其达到一种较高的和谐状态，即改善河流水生态健康程度，更好地实现人水和谐发展和河流的社会服务功能。

但是，目前河流闸坝调控研究多是研究闸坝对河流水量和水质的影响，如，闸坝调控方式、污染物变化规律、水质模型、闸坝调控实验、调控实践等对水量和水质的影响。随着人们对生活质量要求的逐步提高，更需要良好的水生态环境。因此，在水量—水质调控的基础上，应增加闸坝调控对水生态的影响，如数学模型、调控措施等，但是这方面的研究成果较少，更没有基于河流水生态健康程度的和谐调控研究。同时，目前常用的水动力水质模拟软件，如MIKE、WASP（Water quality analysis simulation program，WASP）等，虽然能够较好地模拟水体水动力和水质参数的变化情况，也能够实现对水体中氮、磷和绿叶素等参数的模拟研究，但是尚不能对水体中水生生物的种类和密度进行模拟，且目前没有这方面的模拟软件，仍需要依靠数理统计方法进行相关参数的预测或模拟。

对此，本书基于"和谐论理论"，构建以改善河流水生态健康程度为和谐目标，以闸坝蓄水量、闸坝水量平衡、闸坝水质、闸坝下泄流量等为约束条件，利用MIKE 11数值模拟软件对河流水体水动力参数与污染物浓度变化情况进行模拟，并建立水体污染物浓度与生物多样性指数之间的定量关系，分不同情景模拟河流水生态健康程度的变化情况。

7.2　闸控河流水生态健康和谐调控体系及模型

7.2.1　调控体系与模型框架

基于和谐论的相关理念，构建包含和谐目标及约束条件的闸控河流水生态健康和谐调控体系，模型框架如图7-1所示。结合前文对河流水生态健康程度评价结果，选择水生态健康最差的监测断面（槐店闸监测断面）作为闸坝和谐调控研究对象，并基于开展的闸坝调控水环境影响实验监测结果，利用水动力水质模拟软件MIKE 11进行水量和水质参数模拟，并依据实验监测结果对水动力和水质模型参数进行率定及调整；利用该模型对不同情景下的水动力和水质参数进行模拟，在此基础上，利用Canoco生态排序软件和相关性分析软件构建水量和水质参数（Q、DO、BOD$_5$、COD$_{Cr}$、TN和TP）与生物多样性指数（P‐SWDI、Z‐SWDI 和 B‐SWDI）之间的定量关系，预测不同调控情景下生物多样性指数的变化趋势；结合前文构建的水生态健康评价指标体系，对不同调控情景下的水生态健康程度进行评价，并给出和谐调控措施。

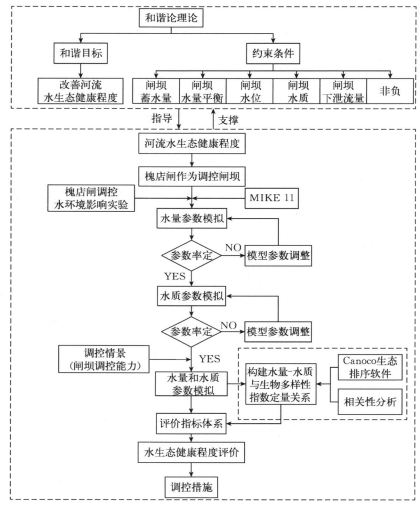

图 7‐1　闸控河流水生态健康和谐调控体系及模型框架

7.2.2　单目标优化模型构建

（1）目标函数

以改善河流水生态健康程度为和谐目标，要求"河流水生态健康综合指数"值达到最大，即在满足河流水质、水量、水生态条件下，使其河流水生态健康程度最大，建立的目标函数为：

$$Z=\max(WEHCI) \tag{7.1}$$

（2）约束条件

① 闸坝蓄水量约束：

$$V_{i,t}^{-}\leqslant V_{i,t}\leqslant V_{i,t}^{+} \tag{7.2}$$

式中：$V_{i,t}$ 为第 i 个闸坝 t 时段的蓄水量；$V_{i,t}^{-}$ 和 $V_{i,t}^{+}$ 分别为第 i 个闸坝 t 时段允许的最小和最大蓄水量。

② 闸坝水量平衡约束：

$$(Q_{i,t}-q_{i,t})\Delta t=V_{i,t+1}-V_{i,t} \tag{7.3}$$

式中：$Q_{i,t}$ 为第 i 个闸坝第 t 时段的平均出流量，单位为 $\mathrm{m^3/s}$；$q_{i,t}$ 为第 i 个闸坝第 t 时段的平均入流量，单位为 $\mathrm{m^3/s}$；Δt 为时间段，单位为 s；$V_{i,t+1}$ 为第 i 个闸坝第 t 时段末的蓄水量，单位为 $\mathrm{m^3}$；$V_{i,t}$ 为第 i 个闸坝第 t 时段初的蓄水量，单位为 $\mathrm{m^3}$。

③ 闸坝水位约束：

$$H_{i}^{-}\leqslant H_{i,t}\leqslant H_{i}^{+} \tag{7.4}$$

式中：$H_{i,t}$ 第 i 个闸坝第 t 时段的实际水位；H_{i}^{-} 为第 i 个闸坝汛期和非汛期期间控制的最低水位，单位为 m；H_{i}^{+} 为汛期和非汛期期间控制的最高水位，单位为 m。

④ 闸坝水质约束[152]：

$$V_{i,t+1}C_{i,t+1}=V_{i,t}C_{i,t}-(Q_{i,t}C_{i,t}^{out}-q_{i,t}C_{i,t}^{in})\Delta t-k(V_{i,t}+V_{i,t+1})C_{i,t}/2 \tag{7.5}$$

式中：$C_{i,t+1}$ 和 $C_{i,t}$ 分别为第 i 个闸坝第 t 时段末和时段初的污染物浓度；$C_{i,t}^{out}$ 和 $C_{i,t}^{in}$ 分别为第 i 个闸坝第 t 时段的平均出流和入流的污染物浓度；k 为污染物综合降解速率系数；其他符号同前文。

⑤ 闸坝下泄流量约束：

$$Q_{i,t}^{-}\leqslant Q_{i,t}\leqslant Q_{i,t}^{+} \tag{7.6}$$

式中：$Q_{i,t}^{-}$ 和 $Q_{i,t}^{+}$ 分别为 i 个闸坝第 t 时段允许下泄流量的下限和上限；其他符号同前文。

⑥ 非负约束。所有变量为非负。

7.2.3 模型求解方法

7.2.3.1 目标函数求解

依据构建的河流水生态健康评价指标体系，结合前文中关键影响因子对水生态健康程度影响大小的分析，分不同情景对关键影响因子进行调控，并将调控结果代入构建的评价指标体系中，结合河流水生态健康综合指数的计算方法，对不同调控情景的水生态健康程度进行计算和评价。

7.2.3.2 水体污染物浓度模拟

当污染物排入河流后，水体中的污染物与河水相混合的同时，污染物本身会得到稀释和降解。污染物与河水的混合过程可以分为三个方面：竖向混合、横向混合和纵向混合。竖向混合、横向混合分别是污染物在水深与横向方向的混合，纵向混合主要是污染物沿河长方向的扩散，前两者的混合长度较短，后者的混合长度较长，且以离散混合为主[153]。水体中污染物的迁移主要是水体中污染物随水流的空间变化，在此过程中也会发生一定程度的衰减；污染物在水体中的转化过程较为复杂，一般会受到水体中化学、物理及生物作用的共同影响。化学作用是通过污染物氧化、还原和分解等作用使水体中的污染物浓度降低；生物作用是通过水中微生物对水体中有机物氧化分解来降低污染物的浓度[154]；物理作用是水体流动、水温变化等作用加速水体中污染物的转化。水体污染物在水体中的迁移转化过程比较复杂，同时开展现场实验需要大量的人力物力，且不能全面了解和掌握其迁移转化过程。而水质数学模型方法能够填补这方面的不足。水质数学模型是水体中污染物随时间和空间迁移转化规律的描述，模型的正确建立依赖于对污染物在河流中迁移转化过程的认识和定量表达这些过程的能力[155]。

（1）研究方法

根据和谐调控的目的，本书中侧重于了解河流水体中污染物浓度沿纵向的变化情况，而对其沿深度和河宽方向的变化情况不开展研究，因此在进行水体污染物浓度和迁移转化模拟时，选择目前较为通用的水质模拟方法——MIKE 11。MIKE 11 是由丹麦水力研究所（DHI）研发的水动力水质模拟软件，适用于河口、河流、灌溉渠道以及其他水体模拟一维水动力、水质和泥沙运输的专业工程软件。目前，MIKE 11 软件在国内许多流域已成功应用，如长江流域、松花江流域、黄河流域等。

运用 MIKE 11 软件中的水动力模块（HD）进行水体的一维水动力模拟。

模拟时将闸坝控制工程作为内边界条件，运用 HD 模块中的"Control Structure"来设置闸坝的调控过程，模拟闸坝作用下的水体流动过程；采用依据现场实验所建立的水质模型来模拟闸坝作用下的污染物浓度变化过程。在进行模型验证时，首先利用闸坝上游实测数据作为模型输入，经过闸坝调控后，将下游监测断面数据作为模型输出，并利用下游实测数据作为模型输出的校正，对模型参数进行调整，以满足模拟精度要求；模型模拟时，将闸坝上游数据资料作为模型输入，进行闸坝调控，对下游流量数据和污染物浓度的变化情况进行模拟。

（2）模型方程

① 一维水动力方程。通过 HD 模块模拟闸坝调控下河道各断面在不同时刻水位和流量的变化。HD 模块的基本原理主要是根据物质守恒原理和能量平衡原理构建的一维圣维南方程组[152]，由反映质量守恒定律的连续性方程和反映动量守恒定律的运动方程组成，其具体表达式为：

$$
\begin{cases}
\dfrac{\partial Q}{\partial x} + \dfrac{\partial A}{\partial t} = q \\[2mm]
\dfrac{\partial Q}{\partial t} + \dfrac{\partial}{\partial x}\left(\dfrac{Q^2}{A}\right) + gA\dfrac{\partial H}{\partial x} + g\dfrac{Q|Q|}{C^2 AR} = 0
\end{cases}
\tag{7.7}
$$

式中：Q 为流量，单位为 m³/s；A 为过流断面面积，单位为 m²；q 为旁侧入流，单位为 m³/s；t 为时间，单位为 s；x 为河长，单位为 m；g 为重力加速度，单位为 m/s²；H 为水位，单位为 m；C 为谢才系数，单位为 m$^{1/2}$/s；R 为水力半径，单位为 m。

② 一维水质方程。一般情况下河流底泥中污染物浓度要大于水体中的污染物浓度。因此，在构建模型时，需考虑水流对底泥冲刷产生的水质影响，构建的一维水质模型表达式为：

$$
\frac{\partial(Ac)}{\partial t} + \frac{\partial(Qc)}{\partial x} = \frac{\partial}{\partial x}\left(AD\frac{\partial c}{\partial x}\right) - K_1 c + K_2 c + S
\tag{7.8}
$$

式中：c 为污染物浓度，单位为 mg/L；D 为纵向扩散系数，单位为 m²/s；S 为点源每秒入河污染物量，单位为 mg/(L·s)；K_1 为降解系数，单位为 1/d；K_2 为底泥污染物释放系数，反映不同水动力条件下底泥中污染物向水体中释放的量，单位为 1/d；其他符号同上。

7.2.3.3 水体水生生物因子预测

为了研究水环境因子与水生态因子之间的关系，分析对水生态因子影响最大的水环境因子，以便于构建两者之间的定量分析关系。本书选择 Canoco for

Windows 4.5 生态排序软件对环境因子与生态因子之间的关系进行分析。Canoco 是生态学多元数据排序分析最流行的软件之一[156]，该软件由美国 Microcomputer Power 计算机公司开发，目前运用较多的是 Canoco 4.5 软件，而 Canoco for Windows 4.5 是 Canoco 4.5 软件的 Windows 版。该软件主要包括 Canoco for Windows 4.5（核心模块，分析数据和排序模型）、WCanoImp（数据转化模块）、CanoMerge（数据处理模块）和 CanoDraw for Windows（图形处理模块）。Canoco for Windows 4.5 软件典型分析过程的简单流程，如图 7-2 所示。

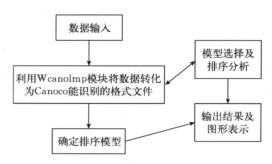

图 7-2　Canoco 软件作排序分析的简单流程图

7.3　模型验证

　　根据构建的河流水生态健康评价指标体系以及评价指数对 10 个监测断面水生态健康程度的评价结果，沙颍河中游槐店闸监测断面的河流水生态健康情况最为严重，多处于"亚病态"状态。因此，在进行闸坝和谐调控时，选择该监测断面作为调控对象，重点研究改善河流水生态健康程度的调控措施和方法。本书在进行数值模拟时，选择 2014 年 11 月份的水环境实验数据作为模型验证及参数调整的基础资料，模拟范围为槐店闸上下游 2 300 m。

　　为了保证模型的适用性和结果的可信性，在模型使用之前需对其参数进行率定，对模型结果进行验证。本书按照预先设置的调控情景进行槐店闸闸门开启，不考虑防洪、灌溉和水污染控制等目标，因此，闸门处理时只执行各调控目标的判断条件，不考虑调控规则优先度的设置问题。同时，书中利用 I 断面的监测数据作为模型输入数据，结合实验时闸坝调控方式，以闸上 IV 断面的实测数据对与水位、流量、COD_{Cr}、DO、BOD_5、TP 和 TN 有关的参数进行率定；采用闸下 VI 断面的实测数据进行模型验证。

7.3.1　水动力模型参数率定与验证结果分析

　　考虑闸坝调控作用的水动力模型参数率定，主要通过调整阻力系数和河底糙率拟合断面水位和流量参数。以 2014 年 11 月 16 日 16:40 到 19 日 12:40 为模拟时间段，上游取流量过程线作为边界条件，下游取水位过程线作为边界条件。经过反复调试，当糙率为 0.031、入流和出流阻力系数分别为 0.5 和 1 时，上下游监测断面模拟结果与实测结果拟合得较好。模拟参数率定及模型验证具体结果如图 7-3 所示。

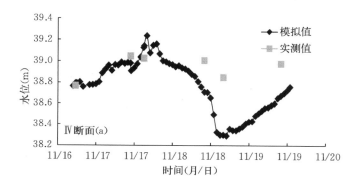

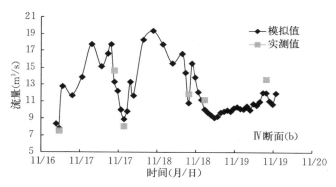

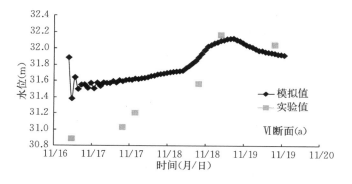

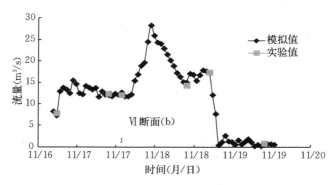

图 7 - 3　水动力学模型验证结果图

模型模拟值与现场实验实测值之间的相对误差值采用 $\dfrac{(C_{实测值}-C_{模拟值})}{C_{实测值}}$ 进行计算。从图 7 - 3 中可以看出，Ⅳ 断面和 Ⅵ 断面的水位模拟值与实验值拟合得较好，结合相对误差值计算公式，最大相对误差值为 1.8%；流量模拟值与实验值拟合情况要劣于水位拟合情况，最大相对误差值为 11.9%。通过上述分析可知，模型模拟精度较高。同时，对闸坝调控对下游水位和流量影响机理进行分析，在 2014 年 11 月的水环境综合影响实验中，共设置了闸门关闭、6 孔 10 cm、6 孔 20 cm、6 孔 30 cm 和闸门关闭 5 种调控方式，而闸下 Ⅵ 监测断面的水位和流量模拟和实验值均随着闸坝调控方式的改变而变化，且总体上一致性较好，均随着闸门调控方式改变呈现先增加后减小的趋势，与实际情况相符。由此可见，模型参数设置正确，模拟结果合理，可以作为水体污染物浓度变化情况模拟的水动力学模型。

7.3.2　水质模型参数率定与验证结果分析

（1）参数的率定

现场实验中，在闸坝下游的 VI 和 VII 断面间河段（近似为是天然河段）的 $12^{\#}$ 和 $13^{\#}$ 采样点采取水样，水样中污染物浓度分别记为 C_{12} 和 C_{13}，u 为流速，x 为两个采样点的距离，根据 $k_1=\dfrac{u}{x}\ln\left(\dfrac{C_{12}}{C_{13}}\right)^{[157]}$ 率定 COD_{Cr}、BOD_5、TP 和 TN 的降解系数分别为 0.37/d、0.44/d、0.46/d 和 0.046/d；在进行临界流速（U_{crit}）计算时，采用闸上 $7^{\#}$ 和闸下 $12^{\#}$ 监测点（底泥取样点）水样的浊度与流速的对应关系，确定相应的临界流速[158]。同时，通过文献资料[159,160]和 MIKE 11 软件自带的模板和帮助文件对水质模型中部分参数的取值进行确定，如表7-1所示。

表7-1 水质模型中部分水质参数及取值

符号	含义	单位	数值
$teta\_r$	大气复氧系数	—	0.67
$PMAX$	光合作用最大产氧量	1/d	3.5
mdo	半饱和氧浓度	mg/L	2
Df_{Rt}	反硝化速率	1/d	0.1
K_w	有机物沉淀速率	m/d	0.1
K_S	有机质再悬浮	g/(m²/d)	1
U_{crit}	临界流速	m/s	0.21
Ni_{Do}	硝化作用需氧量	gO₂/gNH₄	4.57
Ni_{Rt}	氨氮的衰减率	1/d	1.54
HS_Am	氨氮半饱和常数	mg/L	0.05
SOD_{Rate}	底质耗氧量	g/m²/d	0.5
Ni_{RR}	BOD降解释放氨氮的典型产出率	gNH₄-N/gBOD	0.3

（2）初边界条件

初始条件：水体初始COD_{Cr}、DO、BOD_5、TP和TN浓度分别为23.61 mg/L、8.36 mg/L、5.2 mg/L、0.136 mg/L和5.93 mg/L；模型计算时，分为闸上和闸下两个区域分别进行计算。

边界条件：模型计算中，固体边界采用无滑动边界条件。以2014年11月16日16：40到19日12：40为模拟时段，水质模拟时上游边界分别取COD_{Cr}、DO、BOD_5、TP和TN浓度过程线，固体边界污染物浓度通量为0。

（3）模型验证

在参数率定的基础上，采用槐店闸调控现场实验监测及室内检测数据，利用闸下Ⅵ断面的相关数据，对水质模型模拟结果进行检验，具体检验结果如图7-4至图7-8所示。

从图 7-4 至图 7-8 中可以看出，污染物的模拟值与实验值变化趋势吻合较好，2014 年 11 月 18 日 TN 两个数值之间的相对误差最大，为 16.8%，说明所建模型合理，模型参数设置正确。同时，利用纳什效率系数验证污染物模拟效果，计算值能够满足要求，表明模拟效果可以接受。

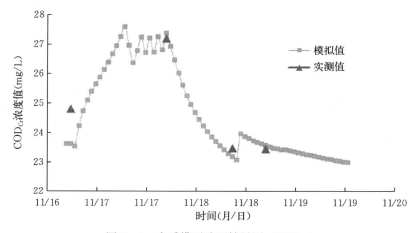

图 7-4　水质模型验证结果图（COD_{Cr}）

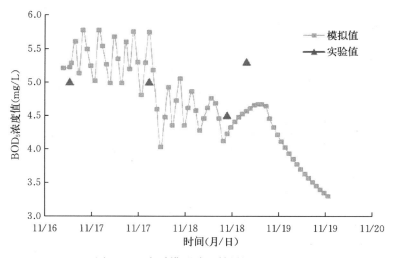

图 7-5　水质模型验证结果图（BOD_5）

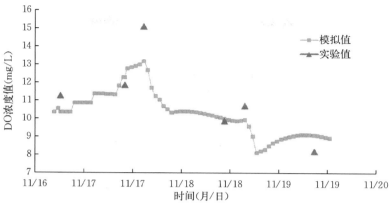

图 7-6　水质模型验证结果图（DO）

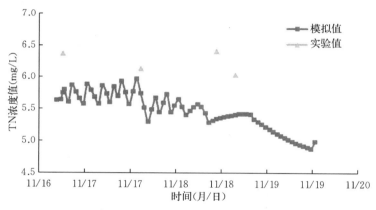

图 7-7　水质模型验证结果图（TN）

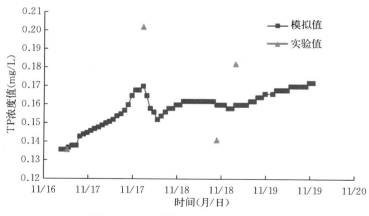

图 7-8　水质模型验证结果图（TP）

7.4 调控情景及结果分析

7.4.1 调控情景设定及结果模拟

以 7.3 节中针对槐店闸所建立的闸坝调控作用下水动力—水质模型开展情景模拟；通过查找相关的数据资料，结合第 5 次水生态调查实验的现场实测数据资料，从槐店闸闸上断面的水体污染物实测浓度值出发；分不同的闸坝调控情景进行模拟，研究单一闸坝调控对河流水体理化指标的迁移规律，在此基础上进一步分析闸坝调控情景对河流水生态健康程度的影响。

闸坝对水质水量的影响主要反映在闸坝修建和调控改变自然河流的水位和流量，因此，需要研究闸门开启方式的变化对研究区域河道水体理化指标迁移的影响，同时，考虑闸坝调度方式的改变对闸坝水位的影响，使得闸前水位满足水位约束方程（$H_{i,t} \leqslant 41.37$ m，同时闸下游水位也应小于其控制水位 40.83 m[161]）。据此，设置不同闸门开度的调控情景，主要分为三大类：①闸门单孔不同开度情景（中间孔）；②闸门集中开度情景，即中间 5 孔闸门不同开度情景；③闸门全开不同开度情景，即所有闸门全部打开，但闸门不同开度情景。

（1）槐店闸上游断面污染物浓度输入数据

通过查阅国家水质自动监测数据网、全国水雨情网等网站，结合其他水文水质数据资料，将槐店闸上游断面实测水位和水质数据资料作为模型输入；将槐店闸闸上监测断面作为模型的输入断面模型输入，参数 DO 为 8.13 mg/L、TN 为 5.93 mg/L、TP 为 0.132 mg/L、COD$_{Cr}$ 为 28.69 mg/L 和 BOD$_5$ 为 5.2 mg/L；模拟时流量输入数值随着闸坝调控方式而发生改变，流量输入值采用过闸流量计算公式进行估算，以保证过闸流量不变。

（2）不同调控情景污染物浓度模拟

依据闸前水体污染物浓度和流量值，分别对闸门不同数量和开度情况进行模拟，调度情景分为单孔闸门、5 孔闸门和 18 孔闸门分别打开 0.1 m、0.5 m 和 1.0 m 开度以及无闸情景，得到不同情景下闸后监测断面的水体污染物浓度值和流量模拟值，污染物浓度具体变化情况如图 7-9 至图 7-13 所示。同时，根据槐店闸的闸前最大、最低水位和闸后允许流量对模拟水位和流量值进行校核。通过对控制结果与模拟结果的对比，可以发现在模拟过程中，闸前水位和闸后流量均满足控制要求，如模拟时间段内，闸前水位最大值为 39.89 m，小于闸前控制水位 41.37 m；下游水位和流量均小于槐店闸闸后控制值。

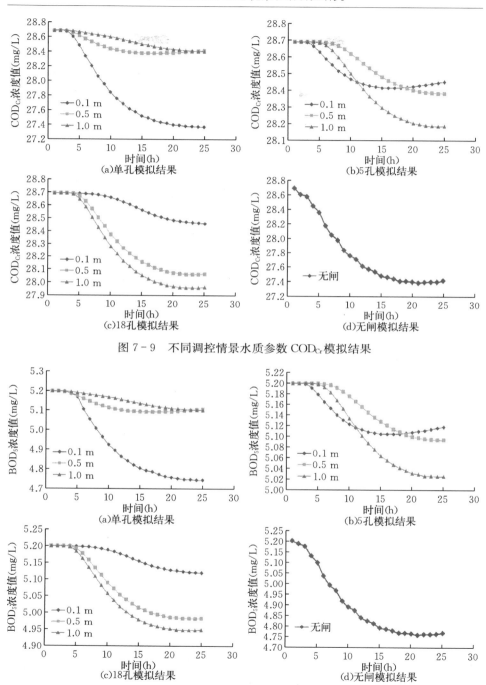

图 7-9　不同调控情景水质参数 COD_{Cr} 模拟结果

图 7-10　不同调控情景水质参数 BOD_5 模拟结果

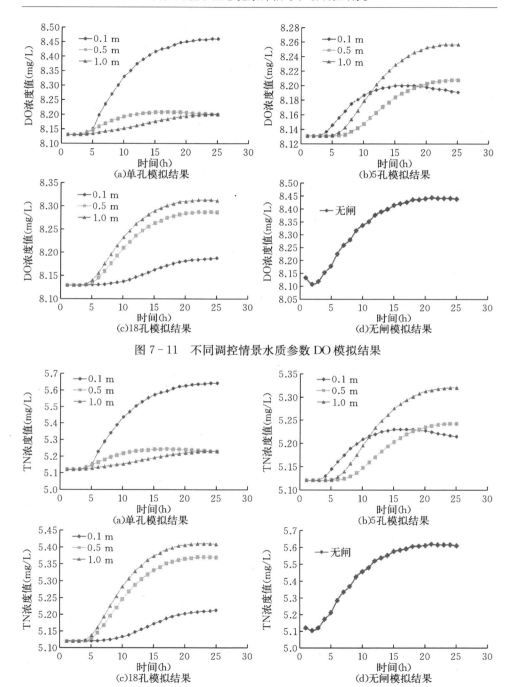

图 7-11　不同调控情景水质参数 DO 模拟结果

图 7-12　不同调控情景水质参数 TN 模拟结果

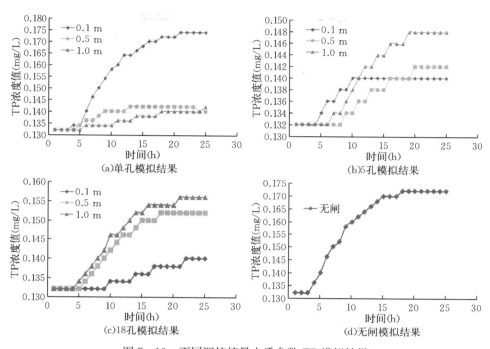

图7-13　不同调控情景水质参数 TP 模拟结果

从图7-9至图7-13中不同水质参数的模拟结果可知，随着闸坝下泄流量的变化，水体中的污染物浓度值也会随之发生变化，但是随着时间的推移，各参数的浓度值会趋于稳定。将不同调控情景下第21 h 时间节点和第25 h 时间节点的参数浓度值进行对比，分析其是否达到稳定，具体的结果如表7-2所示。从表中可以看出，不同调控方式下各水质参数的最大相对差值为0.714%，均在1%以内。因此，认为从21 h 开始各水质参数值已经趋于稳定。

表7-2　不同调控情景下模拟时间（21～25 h）内各参数之间的相对差值

单位：%

	COD_{Cr}	BOD_5	DO	TN	TP
单孔 0.1 m	0.036	0.084	−0.035	−0.096	0
单孔 0.5 m	−0.074	−0.137	0.061	0.137	0.714
单孔 1.0 m	0.042	0.098	−0.037	−0.076	−0.714
5 孔 0.1 m	−0.063	−0.137	0.049	0.118	0
5 孔 0.5 m	0.024	0.039	−0.024	−0.042	0

（续）

	COD$_{Cr}$	BOD$_5$	DO	TN	TP
5孔 1.0 m	0.014	0.019	−0.012	−0.049	0
18孔 0.1 m	0.038	0.078	−0.036	−0.084	0
18孔 0.5 m	−0.007	0	0.012	0.018	0
18孔 1.0 m	−0.014	−0.020	0.012	0.029	0
无闸	−0.073	−0.126	0.035	0.117	0

（3）污染物浓度与水生生物指标关系及模拟分析

利用 Canoco of Windows 4.5 软件，选择流量 Q、COD$_{Cr}$、BOD$_5$、DO、TN 和 TP 这 6 个环境因子，探讨生物多样性指数（P‑SWDI、Z‑SWDI 和 B‑SWDI）与环境因子之间的关系。首先利用 Canoco 软件进行除趋势对应分析（Detrended Correspondence Analysis，DCA），结果显示各轴中最大的 "Lengths of gradients" 为 0.526，其值小于 3，因此冗余分析（Redundancy Analysis，RDA）比较适合进行生物多样性指数与环境因子之间的关系分析[163]。分析时，分别采用 P‑SWDI、Z‑SWDI 和 B‑SWDI 来反映水生生物群落与环境因子的关系，将多样性指数值与环境因子数据均进行 $\log(x+1)$ 转换。多样性指数与环境因子之间的关系如图 7‑14 所示。

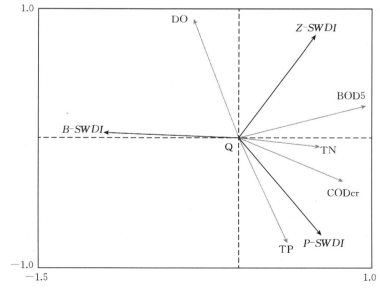

图 7‑14　生物多样性与环境因子关系分析

从图 7-14 中可以看出，流量与各多样性指数之间的关系均不太明显，这主要是在开展实验期间，槐店闸多处于关闭状态，造成槐店闸监测断面的流量多为零，不能较为准确地反映其与生物因子之间的关系。DO 与 B-SWDI 之间的夹角小于 90°，表明两者之间为正相关；其余各环境因子与其夹角均大于90°，呈现负相关关系，其中 TN 与其相关性最强（两条线之间的夹角越小，相关性越强[162]）。同理分析可知，P-SWDI 与 DO 呈现负相关，与其余环境因子呈现正相关，其中与 TP 的相关程度最大；Z-SWDI 只与 TP 呈现负相关，与其余变量均为正相关关系，其中与 DO 的相关性最强。

通过上述分析可以得出对各生物多样性影响最大的环境因子，除此之外生物多样性还会受到水体浑浊度和底质类型等诸多因素的共同影响，但是，在闸坝调控不同情景模拟的过程中，这些因素无法进行准确的模拟。因此，本书中只考虑水体主要环境因子对生物多样性的影响，在分析的过程中假定其他条件不变。依据相应的实验数据，对其进行相关性分析，为开展生物多样性指数预测提供依据。具体的相关性分析结果如图 7-15 所示。

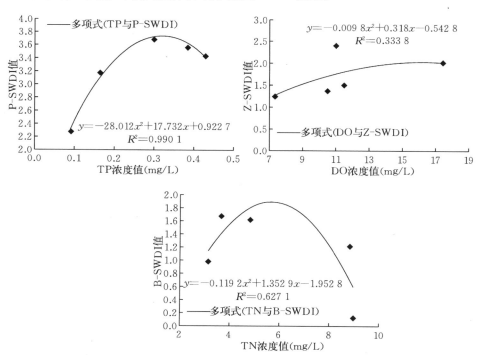

图 7-15　生物多样性指数与主要环境影响因子间相关性分析结果

从图 7-15 中可以看出，Z-SWDI 与环境因子 DO 之间的相关性相对较差，相关系数为 0.578；其余两个相关系数分为 0.995 和 0.792。因此，可以利用模拟出的环境因子对相应的生物多样性指数进行预测，各调控情景预测结果如图 7-16 所示。

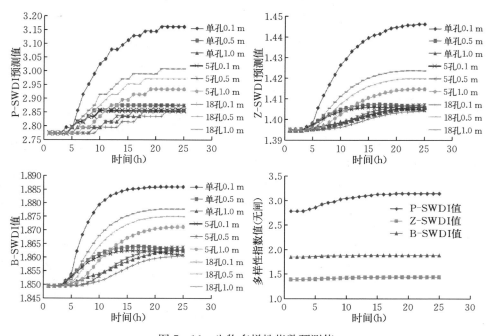

图 7-16　生物多样性指数预测值

参考水质参数模拟结果的稳定性分析方法，对不同调控情景下各生物多样性指数预测结果的稳定程度进行分析。模拟过程第 21 h 和第 25 h 预测结果之间的相对差值结果如表 7-3 所示。可以看出，各生物多样性指数相对差值结果均在 1% 之内，表明从模拟时间第 21 h 开始，各生物多样性指数值已经趋于稳定。

表 7-3　不同调控情景下模拟时间（21～25 h）内各生物多样性指数间的相对差值

单位：%

	P-SWDI	Z-SWDI	B-SWDI
单孔 0.1 m	0	−0.031	−0.002
单孔 0.5 m	0.683	0.056	0.041

（续）

	P-SWDI	Z-SWDI	B-SWDI
单孔 1.0 m	−0.688	−0.033	−0.023
5 孔 0.1 m	0	0.044	0.036
5 孔 0.5 m	0	−0.022	−0.012
5 孔 1.0 m	0	−0.011	−0.012
18 孔 0.1 m	0	−0.033	−0.026
18 孔 0.5 m	0	0.011	0.004
18 孔 1.0 m	0	0.011	0.005
无闸	0	0.032	0.005

从表 7-2 和表 7-3 各参数模拟结果的相对差值分析结果可以看出，模拟时间第 21 h 各参数已经趋于稳定。因此，在对各调控情景进行水生态健康评价时，选择第 21 h 的数据结果进行评价。

7.4.2 调控情景结果分析

根据闸坝不同调控情景下水体流量、污染物浓度模拟值及生物多样性指数预测值，同时，假定河流纵向连通度（无闸情景中，需要进行调整）和河流物理栖息地质量综合指数不变，将模拟结果代入第 5 章构建的闸控河流水生态健康评价指标体系，并依据水生态健康评价方法及标准，分不同情景对结果进行评价及分析。具体评价结果如表 7-4 所示。

表 7-4　不同调控情景下槐店闸监测断面的水生态健康程度

调控方式	现状	单孔			5孔			18孔			无闸
		0.1 m	0.5 m	1.0 m	0.1 m	0.5 m	1.0 m	0.1 m	0.5 m	1.0 m	
WEHCI	0.318	0.373	0.399	0.413	0.388	0.500	0.621	0.463	0.622	0.623	0.570

从表 7-4 中可以看出，各种调控情景下，水生态健康程度值均好于现状调控措施时（实验时闸门处于关闭状态）的值；各种调控情景下，槐店闸监测断面的水生态健康程度随着流量增加呈现增长的趋势，如 18 孔 1.0 m 调控方案下水生态健康程度最好，健康程度值为 0.623，处于"亚健康"状态。由于模拟时水体污染物浓度值变化较小，故水体的水生态健康程度受到水体流量的影响较大，针对上游来水条件较好的情况，为了充分改善河流水生态健康程

度，在闸坝上游水量允许的情况下，可以加大下泄流量值，进而提高其水生态健康程度，但是河流水生态健康程度随着流量的增大，其增长趋势逐渐减慢，如 5 孔 1.0 m、18 孔 0.5 m 和 18 孔 1.0 m 三种调控情景，其流量值在增大，但是水生态健康程度值相差不大；若是闸坝上游水体存在较严重的污染，即存在明显污染团时，日常泄流时则只能维持小流量下泄，在一定程度上也能够提高河流的水生态健康程度（如 3 种单孔调控情景）。因此，在日常下泄流量时，可以根据下游水量需求和闸前污染物浓度等实际情况，进行闸坝的调控，如槐店闸在日常调控过程中，根据淮河水利委员会要求，流量一般不大于 60 m³/s。若按照这个流量进行下泄，其余条件按照模型模拟结果进行计算，则河流水生态健康程度可以提高到 0.446，处于"临界"状态。由此可见，在日常调控情况中保持闸坝小流量下泄有利于河流水生态健康程度的提高。

7.5 和谐调控措施研究

河流水生态健康受到诸多因素的影响，但单纯依靠闸坝的调控作用（改变河流的水文参数），对河流水生态健康程度的改善效果不明显。因此，依据前文对河流水生态健康关键影响因子的识别结果，从关键影响因子角度对闸坝和谐调控的措施进行研究。

（1）加强闸控河流水生态综合管理，控制水体污染程度

河流水生态健康评价工作涉及水文水资源、河岸形态及物理栖息地、水体理化指标和水生生物等指标的调查和监测工作，需要水利、环保、水产等多部门的合作与协调，强化水资源、水环境和水生态的联合调控与管理，切实做好河流水生态建设工作；需进一步加强淮河中上游河流水文、水质、水生态调查监测能力，监测重点断面的河流水质、水生生物及重要生境等要素；同时，为了减少工业废水和生活污水入河流量，应加强河流两岸城市或农村点源污染处理能力（如，建立污水处理厂等）和面源污染治理能力（如，科学合理施肥、减少农药使用量等），将污水的排放控制在标准范围之内，兼顾河流及水生生物的监测和保护，促进河流水生态健康的可持续发展。以监测断面 D5（槐店闸监测断面）为例，根据前文 3.2 节中对水体理化指标的分析，槐店闸监测断面主要的超标指标为 TP 和 TN，同时这两个水质指标是河流水生态健康的关键影响因子，会对该断面的水生态健康程度产生影响。对此，在 2014 年 12 月水生态调查实验实测数据的基础上，通过入河污染物控制和治理措施，将槐店

闸监测断面的 TN 和 TP 浓度值控制在Ⅲ类水水平（《淮河区重要江河湖泊水功能区划》中规定的目标值），并分别采取对两者单独治理和综合治理等措施，分析槐店闸监测断面水生态健康程度的变化情况，具体情况如表 7-5 所示。从表中可以看出，通过对入河超标污染物进行治理和控制，能够提高河流水体的水生态健康程度，但提高的程度有限。

表 7-5 槐店闸监测断面水生态健康程度随管理措施的变化情况

	TN	TP	综合	现状
健康程度	0.376	0.336	0.393	0.318

在采取河流水环境治理措施的同时，也需要广大人民群众积极参与到创建优美环境的活动中来。以水生态文明理念为指导，通过"世界水日"、"中国水周"、新闻报刊、电视广播、宣传画报和公益广告等各种途径对公众加强宣传教育[163]，传播人与自然和谐相处的先进理念，努力提高公众保护生态环境的意识，特别要提高各级决策者对水生态环境保护和可持续发展的认识，鼓励社会团体和公众积极参与并投身到河流水生态系统保护与修复的工作中，培养公众爱水、护水、节水的良好习惯，树立保护生态就是保护人类自己的人与自然和谐的发展观。在提高公众生态环境保护意识的同时，也应该加强对相关法律法规的制定和完善，使执法部门和民众在与破坏生态环境的行为做斗争时，可以做到有法可依。同时，执法部门应严格执行相关法律法规，加大对重点地区和行业破坏生态环境行为的监察和打击力度；民众可对破坏生态环境的行为向相关部门进行举报。加强对河流水环境和水生态数据资料的公开性，为民众了解和科研单位研究提供便利条件。通过社会各界的共同努力，使得河流水环境和水生态状况得到不断改善，实现河流水生态健康发展。

（2）加强河岸带生态建设，改善河流栖息地环境

根据淮河中上游水生态调查实验中的实际情况发现，在水草较多或有土质护坡的地方，水生生物比较丰富，而贴近固化护坡（如水泥或堆石护坡）的地方，水生生物则比较少，特别是底栖动物更少；同时，水草还能够增加水体中的溶解氧，也对水体中的污染物具有一定的吸收作用。对此，为了提高河流水生态健康程度可以对固化护坡进行改造，还原其天然形态，使其能够为水生生物提供更好的栖息环境，如采用生态护坡等形式。在开挖形成边坡以后，不进行各种硬化处理，而是种植适宜的植物，并利用其根系对土体进行锚固，实现

边坡表层的防护和加固，同时又能恢复护坡的自然生态环境[164]。在修成生态护坡之后，不仅能够为水生生物提供栖息场所，提高河流的水生态健康程度，也能够为人民群众提供良好的休闲娱乐场所。例如，在上海崇明岛河道治理工程中采用了生态护坡，治理效果表明河水水质经过护坡植物的净化得到较好的改善，总氮减少了 63.4%；铵态氮减少了 61.4%，同时河岸生境得到改善，生物多样性增加，生态系统的稳定性增强[165]。由此可见，生态护坡技术的采用能够在改善河流水生态健康中起到积极的作用。

同时，减少河道的硬质护坡，形成天然生态护坡或河流生态廊道，增加河流栖境的复杂性（如形成各种水生植被、倒木、倒凹堤岸和巨石等栖境），促使河流形成主流与支流、急流与浅滩、流速与水深等相结合的多种河流生境，可以改善鱼类、小型水生生物（浮游植物、浮游动物和底栖动物）、鸟类、两栖动物和昆虫生存、生长和繁殖所必要的栖息地环境。不同的生境条件组合，也利于形成不同的生物群落，增加物种的丰度和生物的多样性，进而改善河流的水生态健康状况。

（3）加强闸坝运行管理，增强河流纵向连通性

淮河流域修建了众多的闸坝等水利工程，其在防洪、发电等方面发挥着积极的作用，且利于对河流水体进行调控，但是这些水利工程的修建也破坏了河流的天然连通性，改变着水体水量和水质参数的时空分布，影响着河流中营养物质随着河流自然水文周期（丰枯变化）和洪水漫溢而进行的交换、扩散、转化、积累和释放，也造成河流水体的流量、水深、水温和水流边界条件的巨大变化。针对闸坝等水利工程对河流水环境和水生态系统的不利影响，国外一些学者提出了应该拆除闸坝等水利工程的"拆坝理论"，恢复河流的天然形态，增强河流的纵向连通性。"拆坝理论"固然能够实现河流的连通性，但是闸坝等水利工程的修建和拆除都需要资金的投入，对已建且正在发挥其效益的水利工程，对其实施拆除无疑又是一种资源的浪费。对此，应该对目前不能很好保持河流连通性的水利工程进行管理或改建，如保持闸门的小流量下泄，保持河流的水流连通；对于不能维持日常小流量下泄或闸门开启时水流流速过快的水利工程，则应该改建或增设鱼道等生态通道，为鱼类洄游等提供通道的同时，也有利于实现小型水生生物（浮游植物、浮游动物和底栖动物）的上下游连通。通过采用适宜的闸坝调控管理或工程改建措施，尽量减少闸坝等水利工程对河流连通性的阻碍及影响，恢复其天然连通性，实现河流水生态健康的良性发展。

（4）实施闸控河流和谐调控与管理，全面改善河流水生态健康

淮河上修建了数量众多的闸坝，提出合理可行的闸坝调控和运行方式，能够减少污染团的集中下泄，保证河流水生态健康发展的流量需求，实现闸坝的和谐调控，达到河流水生态健康保护及修复的目的。以监测断面 D5（槐店闸监测断面）为例，在其余条件不变的情况下，仅通过闸坝调控改变过闸流量，不同流量条件下河流的水生态健康程度也不同，具体结果如表 7-6 所示。若流量从现状条件（0 m³/s）提高到 60 m³/s，该点的河流水生态健康评价结果将由 0.318 提高到 0.446，健康程度从"亚病态"提高到"临界"状态。由此可见，河流水生态健康状况在一定程度上随着流量的增加有改善的趋势，且改变的趋势比较明显。但是，随着流量的进一步增加，其改善河流水生态健康程度的幅度有所降低，如表 7-6 所示。因此，对已建工程应加强河流水生态健康与保护方面的调控，以改善河流的水生态健康，如在槐店闸日常调度时，维持小流量下泄有利于水生态健康程度的提高。在保证来水质量和闸前蓄水要求的情况下，可以加大对下游河道的泄水，进而提高河流的水生态健康程度。

表 7-6　槐店闸监测断面水生态健康程度随调控措施的变化情况

流量	0 m³/s	10 m³/s	20 m³/s	30 m³/s	40 m³/s	50 m³/s	60 m³/s
健康程度	0.318	0.340	0.361	0.382	0.403	0.424	0.446

通过治理水体污染物，使槐店闸监测断面超标污染物（TP 和 TN）浓度值达到Ⅲ类水水平，且加大对下游河道的泄水量，可以实现对河流水生态健康程度的提高，具体结果如表 7-7 所示。由表可知，仅通过降低河流中超标的污染物浓度和适当提高闸坝的泄流量，即保证闸坝在日常调度过程中保持小流量下泄，可提高河流的水生态健康程度，使其接近"亚健康"状态（0.520），要好于仅增加下泄流量而不进行污染治理的对策。

表 7-7　槐店闸监测断面水生态健康程度随调控措施的变化情况

	10 m³/s	20 m³/s	30 m³/s	40 m³/s	50 m³/s	60 m³/s
TN	0.397	0.418	0.439	0.461	0.482	0.503
TP	0.357	0.378	0.399	0.420	0.442	0.463
TN+TP	0.414	0.435	0.457	0.478	0.499	0.520

在保证闸门小流量泄水（如 60 m³/s）、槐店闸主要超标污染物（TN 和 TP）达到Ⅲ类水水平的基础上，加强河岸带生态建设和闸坝运行管理，改善

河流的栖息地环境质量和纵向连通性，通过采取这些综合措施分析槐店闸监测断面水生态健康程度的变化情况，具体情况如表7-8所示。

表7-8　槐店闸监测断面水生态健康程度随综合措施的变化情况

	水量措施（60 m³/s）	水质措施（TN+TP）	RC	HQI
水生态健康程度	0.446	0.520	0.566	0.617

注：表中数据为各种措施的累积效果，即在水量措施的基础上，增加水质措施、连通性及栖息地环境措施。

从表7-8中数据可以看出，在前文水量和水质措施基础上，通过采取闸坝调控的综合管理，使每个闸坝均能够保持一定的流量下泄，减少闸坝工程对河流纵向连通性的影响，可以使槐店闸监测断面的水生态健康程度达到"0.566"；在此基础上，再通过生态护坡或河流生态廊道建设，改善河流栖息地环境质量，可以使槐店闸监测断面的水生态健康程度达到"亚健康"状态（0.617）。

通过这些措施对于改善河流水生态健康程度的效果可以看出，不同关键影响因子对不同监测断面水生态健康程度的影响不同，如流量是槐店闸监测断面水生态健康程度的最大影响因子（见第6.3.3小节），加大水体流量能够改善其水生态健康程度（表7-4和表7-6），但是单纯依靠一种措施来改善水生态健康状况，改善水生态健康程度有限，且需要投入更多，如单纯依靠河流流量的改变（18孔1.0 m调控情景），其水生态健康程度可以达到"0.623"，而通过采取综合措施（水量、水质、连通性和栖息地环境），在小流量情况下（60 m³/s），槐店闸监测断面的水生态健康程度也可以达到"0.617"。由此可见，在实际工作中需要采用多种措施或途径来改善河流水生态健康。

参 考 文 献

［1］胡瑞，左其亭．淮河流域水资源现状分析及承载能力研究意义［J］.水资源与水工程学报，2008，19（5）：65－68.

［2］水利部淮河水利委员会．治淮汇刊年鉴［Z］.蚌埠：《治淮汇刊（年鉴）》编辑部，2014.

［3］夏军．区域水环境及生态环境质量评价：多级关联评估理论与应用［M］.武汉：武汉水利电力大学出版社，1999.

［4］索丽生．闸坝与生态［J］.中国水利，2005（16）：5－7.

［5］中国环境科学研究院．地表水环境质量标准（GB 3838－2002）［S］.北京：中国环境科学出版社，2002.

［6］严子奇，夏军，左其亭，等．淮河流域水环境承载能力计算系统的构建［J］.资源科学，2009，31（7）：1150－1157.

［7］张永勇，夏军，王纲胜，等．淮河流域闸坝联合调度对河流水质影响分析［J］.武汉大学学报（工学版），2007，40（4）：31－35.

［8］程绪水，贾利，杨迪虎．水闸防污调度对减轻淮河水污染的影响分析［J］.中国水利，2005（16）：11－13.

［9］惠秀娟，杨涛，李法云，等．辽宁省辽河水生态系统健康评价［J］.应用生态学报，2011，22（1）：181－188.

［10］Karr J K. Bioligical Integrity：A Long Neglected Aspect of Water Resource Management［J］.Ecological Applications，1991，1（1）：66－84.

［11］Schofield N J，Davies P E. Measuring the Health of Our Rivers［J］.Water，1995，5/6：39－43.

［12］Simpson J，Norris R，Barmuta L. AusRivAS－National River Health Program［R］.User Manual Website version，1999.

［13］Meyer J L. Stream health：Incorporating the Human Dimension to Advance Stream Ecology［J］.Journal of the North American Benthological Society，1997，16：439－447.

［14］Fairweather P G. State of Environment Indicators of "river health"：exploring the metaphor［J］.Fresh water Biology，1999，41：221－234.

[15] Rogers K. Integrating Indicators, Endpoints and Value Systems in Strategic Management of the River of the Kruger National Park [J]. Freshwater Biology, 1999, 41 (2): 254 – 263.

[16] Vugteveen P, Leuven R S, Huijbregts M A, et al. Redefinition and Elaboration of River Ecosystem Health: Perspective for River Management [J]. Hydrobiologia, 2006, 565 (1): 289 – 308.

[17] Costanza R. Ecosystem Health and Ecological Engineering [J]. Ecological Engineering, 2012, 45, 24 – 29.

[18] 文伏波, 韩其为, 许炯心, 等. 河流健康的定义与内涵 [J]. 水科学进展, 2007, 18 (1): 140 – 150.

[19] 赵彦伟, 杨志峰. 河流健康: 概念、评价方法与方向 [J]. 地理科学, 2005, 25 (1): 119 – 124.

[20] 董哲仁. 河流健康的内涵 [J]. 中国水利, 2005 (4): 15 – 18.

[21] 刘晓燕, 张原峰. 健康黄河的内涵及其指标 [J]. 水利学报, 2006, 37 (6): 649 – 654.

[22] 耿雷华, 刘恒钟, 华平, 等. 健康河流的评价指标和评价标准 [J]. 水利学报, 2006, 37 (3): 253 – 258.

[23] 刘昌明, 刘晓燕. 河流健康理论初探 [J]. 地理学报, 2008, 63 (7): 683 – 692.

[24] 夏自强, 郭文献. 河流健康研究进展与前瞻 [J]. 长江流域资源与环境, 2008, 17 (2): 252 – 256.

[25] 吴阿娜, 车越, 杨凯. 基于内容分析法的河流健康内涵及表征 [J]. 长江流域资源与环境, 2008, 17 (6): 932 – 938.

[26] 黄艺, 文航, 蔡佳亮. 基于环境管理的河流健康评价体系的研究进展 [J]. 生态环境学报, 2010, 19 (4): 967 – 973.

[27] 冯彦, 何大明, 杨丽萍. 河流健康评价的主评指标筛选 [J]. 地理研究, 2012, 31 (3): 389 – 398.

[28] 林俊良, 宋书巧. 河流健康内涵及评价研究 [J]. 广西师范学院学报 (自然科学版), 2012, 29 (4): 65 – 71.

[29] 左其亭, 陈豪, 张永勇. 淮河中上游水生态健康影响因子及其健康评价 [J]. 水利学报, 2015, 46 (9): 1019 – 1027.

[30] 戴纪翠, 倪晋仁. 底栖动物在水生生态系统健康评价中的作用分析 [J]. 生态环境, 2008, 17 (6): 2107 – 2111.

[31] Jessup D A, Miller M, Ames J, et al. Southern Sea Otter as a Sentinel of Marine Ecosystem Health [J]. Ecohealth, 2004, 1 (3): 239 – 245.

[32] Rougier C, Pourriot R, Lam – Hoai T, et al. Ecological Patterns of the Rotifer Com-

munities in the Kaw River Estuary (French Guiana), Estuarine [J]. Coastal and Shelf Science, 2005, 63: 83 – 91.

[33] Wright J F, Sutcliffe D W, Furse M T. Assessing the Biological Quality of Fresh Waters: RIVPACS and Other Techniques [M]. Ambleside: the Freshwater Biological Association, 2000.

[34] Hart B T, Davies P E, Humphrey C L, et al. Application of the Australian River Bioassessment System (AUSRIVAS) in the Brantas River, East Java, Indonesia [J]. Journal of Environmental Management, 2001, (62): 93 – 100.

[35] 鲁春霞, 谢高地, 成生魁, 等. 水利工程对河流生态系统服务功能的影响评价方法初探 [J]. 应用生态学报, 2003, 14 (5): 803 – 807.

[36] Karr J R. Defining and Measuring River Health [J]. Freshwater Biology, 1999, 41: 221 – 234.

[37] Karr J R, Chu E W. Sustaining Living Rivers [J]. Hydrobiologia, 2000, 422/423: 1 – 14.

[38] Norris H, Hawkins C P. Monitoring River Health [J]. Hydrobiologia, 2000, 435: 5 – 17.

[39] Petersen R C. The RCE: A Riparian, Channel and Environmental Inventory for Small Streams in the Agriculture Landscape [J]. Freshwater Biology, 1992, 27: 295 – 306.

[40] Ladson A R, White L J, Doolan J A, et al. Development and Testing of An Index of Stream Condition for Waterway Management in Australia [J]. Freshwater Biology, 1999, 41 (2): 453 – 468.

[41] European Community. Directive of the European Parliament and of the Council [J]. Official Journal of the European Communities, 2000.

[42] Fryirs K. Guilding Principles for Assessing Geomorphic River Condition: Application of A Framework in the Bega Catchment, South Coast, New South Wales, Australia [J]. Catena, 2003, 53: 17 – 52.

[43] Tiner R W. Remotely – Sensed Indicators for Monitoring the General Condition of "Natural habitat" in Watersheds: An Application for Delaware's Nanticoke River Watershed [J]. Ecological Indicators, 2004, 4 (4): 227 – 243.

[44] Scardi M, Cataudella S, Di Dato P, et al. An Expert System Based on Fish Assemblages for Evaluating the Ecological Quality of Streams and Rivers [J]. Ecological informatics, 2008, 3 (1): 55 – 63.

[45] Brierley G, Reid H, Fryirs K, et al. What Are We Monitoring and Why? Using Geomorphic Principles to Frame Eco – hydrological Assessments of River Condition [J]. Science of the total environment, 2010, 408 (9): 2025 – 2033.

[46] 徐祖信. 河流污染治理规划理论与实践 [M]. 北京: 中国环境科学出版社, 2003.

[47] 吴阿娜．河流健康状况评价及其在河流管理中的应用 [D]．上海：华东师范大学，2005．

[48] 赵彦伟，杨志峰．城市河流生态系统健康评价初探 [J]．水科学进展，2005，16 (3)：349 – 355．

[49] 张远，郑丙辉，刘鸿亮，等．深圳典型河流生态系统健康指标及评价 [J]．水资源保护，2006，22 (5)：13 – 17＋52．

[50] 赵长森，夏军，王纲胜，等．淮河流域水生态环境现状评价与分析 [J]．环境工程学报，2008，2 (12)：1698 – 1704．

[51] 蔡德所，王备新，赵湘桂．漓江流域水生态系统健康监测和评价体系研究 [J]．广西师范大学学报（自然科学版），2009，27 (2)：148 – 152．

[52] 余波，黄成敏，陈林，等．基于熵权的巢湖水生态健康模糊综合评价 [J]．四川环境，2010，29 (6)：85 – 91．

[53] 廖静秋，曹晓峰，汪杰，等．基于化学与生物复合指标的流域水生态系统健康评价——以滇池为例 [J]．环境科学学报，2014，34 (7)：1845 – 1852．

[54] 胡金，万云，洪涛，等．基于河流物理化学和生物指数的沙颍河流域水生态健康评价 [J]．应用与环境生物学报，2015，21 (5)：783 – 790．

[55] 王备新，杨莲芳，刘正文．生物完整性指数与水生态系统健康评价 [J]．生态学杂志，2006，25 (6)：707 – 710．

[56] 宋智刚，王伟，姜志强，等．应用 F – IBI 对太子河流域水生态健康评价的初步研究 [J]．大连海洋大学学报，2010，25 (6)：480 – 487．

[57] 廖静秋，黄艺．应用生物完整性指数评价水生态系统健康的研究进展 [J]．应用生态学报，2013，24 (1)：295 – 302．

[58] 刘子辉．闸坝对重污染河流水质水量影响的实验与模拟研究 [D]．郑州：郑州大学，2011．

[59] Rast W, Holland M. Eutrophication of Lakes and Reservoirs：A Framework for Making Management Decisions [J]. Ambio, 1988, 17 (1)：2 – 12.

[60] Graf W L. Dam nation：A Geographic Census of American Dams and Their Large – scale Hydrologic Impacts [J]. Water Resource Research, 1999, 35 (4)：1305 – 1311.

[61] Brian D R, Baumgartner J V, Jennifer P, et al. A Method for Assessing Hydrologic Alteration within Ecosystems [J]. Conservation Biology, 1996, 10 (4)：1163 – 1174.

[62] Hayes D F, Labadie J W, Sandebs T G. Enhancing Water Quality in Hydropower System Operations [J]. Water Resources Research, 1998, 34 (3)：471 – 483.

[63] Brandt S A. Classification of Geomorphological Effects Downstream of Dams [J]. Catena, 2000, 40 (4)：375 – 401.

[64] 俞云利，史占红．拆坝措施在河流修复中的应用 [J]．人民长江，2005，36 (8)：

15 - 17.

[65] Albanakis K，Mitrakas M，Moustaka - Gouni M，et al. Determination of the Environmental Parameters that Influence Sulphide Formation in the Newly Formed Thesaurus Reservoir，in Nestos River，Greece [J]. Fresenius Environmental Bulletin，2001，10 (6)：566 - 571.

[66] Mallika A U，Richardson J S. Riparian Vegetation Change in Upstream and Downstream Reaches of Three Temperate Rivers Dammed for Hydroelectric Generation in British Columbia，Canada [J]. Ecological Engineering，2009，35 (5)：810 - 819.

[67] Marcé R，Moreno - Ostos E，García - Barcina J M，et al. Tailoring Dam Structures to Water Quality Predictions in New Reservoir Projects：Assisting Decision - making Using Numerical Modeling [J]. Journal of Environmental Management，2010，91 (6)：1255 - 1267.

[68] Domingues R B，Barbosa A B，Sommer U，et al. Phytoplankton Composition，Growth and Production in the Guadiana Estuary (SW Iberia)：Unraveling Changes Induced after Dam Construction [J]. Science of the Total Environment，2012，1 (416)：300 - 313.

[69] 李来山. 闸坝对污染河流水质水量的调控能力研究 [D]. 郑州：郑州大学，2012.

[70] 董子敖. 水库供水期的多目标优化调度具有长期预报的最优调度一般规律 [J]. 水力发电学报，1982 (2)：22 - 32.

[71] 谭维炎，刘健民，黄守信，等. 应用随机动态规划进行水电站水库的最优调度 [J]. 水利学报，1982 (7)：1 - 7.

[72] 治淮委员会水源保护办公室. 大型闸坝工程对河流稀释扩散作用的影响 [J]. 水文，1982 (2)：16 - 19.

[73] 方子云，谭培伦. 为改善生态环境进行水库调度的初步研究 [J]. 人民长江，1984 (6)：23 - 26.

[74] 方子云，邹家祥，吴贻名. 环境水利学导论 [M]. 北京：中国环境科学出版社，1994.

[75] 林巍. 闸坝河流水质模型及实例研究 [J]. 污染防治技术，1995，8 (4)：233 - 236.

[76] 窦贻俭，杨戊. 曹娥江流域水利工程对生态环境影响的研究 [J]. 水科学进展，1996，7 (3)：260 - 267.

[77] 鲍全盛，王华东，海热提. 沙颍河闸坝调控与淮河干流水质风险管理 [J]. 上海环境科学，1997，16 (4)：11 - 14.

[78] 朱维斌，郑孝宇，朱淮宁. 受闸坝控制的河道水质预测方法研究 [J]. 水利水电科技进展，1998，18 (1)：49 - 51.

[79] 夏军. 河流健康与环境变化影响的对策 [J]. 水科学研究，2008，2 (1)：1 - 8.

[80] 肖建红，施国庆，毛春梅，等．三峡工程对河流生态系统服务功能影响预评价 [J]．自然资源学报，2006，21（3）：424-431.

[81] 肖建红，施国庆，毛春梅，等．水坝对河流生态系统服务功能影响评价 [J]．生态学报，2007，27（2）：526-537.

[82] 夏军．水工程建设对河流环境影响与生态修复调控的途径 [J]．水科学研究，2007，1（1）：2-11.

[83] 夏军，赵长森，刘敏，等．淮河闸坝对河流生态影响评价研究——以蚌埠闸为例 [J]．自然科学学报，2008，23（1）：47-60.

[84] 刘玉年，施勇，程绪水，等．淮河中游水量水质联合调度模型研究 [J]．水科学进展，2009，20（2）：177-183.

[85] 左其亭，高洋洋，刘子辉．闸坝对重污染河流水质水量作用规律的分析与讨论 [J]．资源科学，2010，32（2）：261-266.

[86] 左其亭，刘子辉，窦明，等．闸坝对河流水质水量影响评估及调控能力识别研究框架 [J]．南水北调与水利科技，2011，9（2）：18-21.

[87] 窦明，郑保强，左其亭，等．闸控河段氨氮浓度与主要影响因子的量化关系识别 [J]．水利学报，2013，44（8）：934-941.

[88] 陈豪，左其亭，窦明，等．闸坝调度对污染河流水环境影响综合实验研究 [J]．环境科学学报，2014，34（3）：763-771.

[89] Zuo Qiting, Chen Hao, Ming Dou, et al. Experimental Analysis of the Impact of Sluice Regulation on Water Quality in the Highly Polluted Huai River Basin, China [J]. Environmental monitoring and assessment，2015，187（7）：1-15.

[90] 程绪水，沈哲松．沙颍河水利工程调度对改善淮河水质的影响分析 [J]．水资源保护，2004，20（4）：25-27.

[91] 蒋艳，栾震宇，赵长森．淮河流域闸坝运行对河流生态与环境影响研究 [M]．北京：中国水利水电出版社，2013.

[92] 夏军，程绪水，左其亭，等．淮河流域水环境综合承载能力及调控对策 [M]．北京：科学出版社，2009.

[93] 王园欣．淮河典型河流生态需水及保障机制研究 [D]．郑州：郑州大学，2014.

[94] 潘扎荣，阮晓红．淮河流域河道内生态需水保障程度时空特征解析 [J]．水利学报，2015，46（3）：280-290.

[95] 刘庄，沈渭寿，吴焕忠．水利设施对淮河水域生态环境的影响 [J]．地理与地理信息科学，2003，19（2）：77-81.

[96] Zhang Y Y, Xia J, Shao Q X, et al. Water Quantity and Quality Simulation by Improved SWAT in Highly Regulated Huai River Basin of China [J]. Stoch Environ Res Risk Assess，2013，27：11-27.

[97] 淮河水利委员会. 淮河片水资源公报（2014 年）[R]. 蚌埠：淮河水利委员会，2014.

[98] 梁静静. 水生态区划与评价理论方法及应用研究 [D]. 郑州：郑州大学，2011.

[99] 金相灿，屠清瑛. 湖泊富营养化调查规范 [M]. 第 2 版. 北京：中国环境出版社，1990.

[100] 国家环境保护总局，《水和废水监测分析方法》编委会. 水和废水监测分析方法 [M]. 第 4 版. 北京：中国环境科学出版社，2002.

[101] Shannon C E. A Mathematical Theory of Communication [J]. Bell System Technical Journal，1948，27，379 – 423，623 – 656.

[102] Margalef D R. Information Theory in Ecology [J]. General Systems，1958，3：36 – 71.

[103] Pielou E C. Ecological Diversity [M]. New York：John Wiley，1975.

[104] 刘玉年，夏军，程绪水，等. 淮河流域典型闸坝断面的生态综合评价 [J]. 解放军理工大学学报（自然科学版），2008，9（6）：693 – 697.

[105] 李丽娟，郑红星. 海滦河流域河流系统生态环境蓄水量计算 [J]. 地理学报，2000，55（4）：495 – 499.

[106] 中国环境监测总站. 地表水和污水检测技术规范（HJ/T 91 – 2002）[S]. 北京：中国环境科学出版社，2002.

[107] 长江流域水环境监测中心. 水环境监测规范（SL 219 – 2013）[S]. 北京：中国水利水电出版社，2013.

[108] 国家环保局《水生生物监测手册》编委会. 水生生物监测手册 [M]. 南京：东南大学出版社，1993.

[109] 郑丙辉，张远，李英博，等. 辽河流域河流栖息地评价指标与评价方法研究 [J]. 环境科学学报，2007，27（6）：928 – 936.

[110] LaZerte B D，Dillon P J. Relative Importance of Anthropogenic Versus Natural Sources of Acidity in Lakes and Streams of Central Ontario [J]. Canadian Journal of Fisheries and Aquatic Sciences，1984，41（11）：1664 – 1677.

[111] 刘健康. 高级水生生物学 [M]. 北京：科学出版社，1999.

[112] 窦明，左其亭. 水环境学 [M]. 北京：中国水利水电出版社，2014.

[113] 上海市环境保护局. 上海市环境状况公报（2010 年度）[R]. 2010.

[114] 徐大伟，郑海霞，刘民权. 基于跨区域水质水量指标的流域生态补偿量测算方法研究 [J]. 中国人口·资源与环境，2008，18（4）：189 – 194.

[115] 吴东浩，王备新，张咏，等. 底栖动物生物指数水质评价进展及在中国的应用前景 [J]. 南京农业大学学报，2011，34（2）：129 – 134.

[116] Hering D，Moog O，Sandin L，et al. Overview and Application of the AQEM Assessment System [J]. Hydrobiologia，2004，516：1 – 20.

[117] Rolauffs P, Stubauer I, Zahrádková S, et al. Integration of the Saprobic System into the European Union Water Framework Directive: Case Studies in Austria, Germany and Czech Republic [J]. Hydrobiologia, 2004, 516: 285 - 298.

[118] Chutter F M. An Empirical Biotic Index of the Quality of the Water in South African Streams and Rivers [J]. Water Research, 1972, 6: 19 - 30.

[119] Hilsenhoff W L. Use of Arthropods to Evaluate Water Quality of Streams [J]. Technical bulletin, 1977 (100): 14.

[120] Simpson E H. Measurement of Diversity [J]. Nature, 1949, 163: 688.

[121] 徐兆礼, 陈亚瞿. 东黄海秋季浮游动物优势种聚集强度与鲐鲹渔场的关系 [J]. 生态学杂志, 1989, 8 (4): 13 - 15.

[122] Scoballe D M, Kimmel B L. A Large - Scale Comparison of Factor Influencing Phytoplankton Abundance in Rivers, Lakes, and Impoundments [J]. Ecology, 1987, 68: 1943 - 1954.

[123] 左其亭, 陈豪, 张永勇, 等. 淮河中上游轮虫群落结构分析及水质评价 [J]. 环境工程学报, 2017, 11 (1): 165 - 173.

[124] 刘子辉, 左其亭, 赵国军, 等. 闸坝调度对污染河流水质影响的实验研究 [J]. 水资源与水工程学报, 2011, 22 (5): 34 - 37.

[125] Wool T. A., Ambrose R. B., Martin J. L., et al. Water Quality Analysis and Simulation Program (WASP) Version 6.0, Draft User's Manual. Atlanta, GA: US Environmental Protection Agency, 2001.

[126] 左其亭, 刘静, 窦明. 闸坝调控对河流水生态环境影响特征分析 [J]. 水科学进展, 2016, 27 (3): 439 - 447.

[127] An K G, Park S S, Shin J Y. An Evaluation of a River Health Using the Index of Biological Integrity along with Relation to Chemical and Habitat Conditions [J]. Environment International, 2002, 28 (5): 411 - 420.

[128] 胡春宏, 陈建国, 郭庆超, 等. 论维持黄河健康生命的关键技术与调控措施 [J]. 中国水利水电科学研究院学报, 2005, 3 (1): 1 - 5.

[129] 左其亭, 王丽, 高军省, 等. 资源节约型社会评价——指标·方法·应用 [M]. 北京: 科学出版社, 2009.

[130] 董阳, 黄平, 李勇志, 等. 三峡水库水质移动监测指标筛选方法研究 [J]. 长江流域资源与环境, 2014, 23 (3): 366 - 372.

[131] 王硕平. 用数学方法选择社会经济指标 [J]. 统计研究, 1986 (6): 42 - 46.

[132] 王春枝. 综合评价指标筛选及预处理的方法研究 [J]. 统计教育, 2007 (3): 15 - 16.

[133] 张尧庭, 张璋. 几种选取部分代表性指标的统计方法 [J]. 统计研究, 1990 (1):

52 - 58.

[134] 朱尔一，林燕．利用偏最小二乘法的一种变量筛选法 [J]．计算机与应用化学，2007，24 (6)：741 - 745.

[135] Satty T L．层次分析法原理 [M]．许树柏，译．天津：天津大学出版社，1986.

[136] 曹蕾．区域生态文明建设评价指标体系及建模研究 [D]．上海：华东师范大学，2014.

[137] 何婷．淮河流域中下游典型河段生态水文机理与生态需水计算 [D]．北京：中国水利水电科学研究院，2013.

[138] Karr J K. Assessments of Bioticintegrity Using Fish Communities [J]. Fisheries (Bethesda)，1981 (6)：21 - 27.

[139] Petersen R C. The RCE: a Aiparian, Channel, and Environmental Inventory for Small Streams in the Agriculture Landscape [J]. Freshwater Biology, 1992, 27: 295 - 306.

[140] Barbour M T, Gerritsen J. Rapid Bioassessment Protocols for Use in Streams and Wadeable Rivers: Periphyton, Benthic Macro Invertebrates and Fish, Second Edition [M]. Washington, DC: EPA, Office of Water, 1999.

[141] Wright J F, Furse M T, Moss D. River Classification Using Invertebrates: RIVPACS Applications [J]. Aquatic Conservation: Marine and Freshwater Ecosystems, 1998, 8: 617 - 631.

[142] Environment Agency. River Habitat Survey: Field Survey Guidance Manual Incorporating SERCON [R]. Center for Ecology and Hydrology, National Environment Research Council, UK, 1997.

[143] Roux D J. Strategies used to Guide the Design and Implementation of a National River Monitoring Programme in South Africa [J]. Environmental Monitoring and Assessment, 2001, 69 (2): 131 - 158.

[144] Saaty T L. How to Make a Decision: The Analytic Hierarchy Process [J]. European Journal of Operational Research, 1990, 48 (1): 9 - 26.

[145] 秦寿康，等．综合评价原理及应用 [M]．北京：电子工业出版社，2003.

[146] 邹志红，孙靖南，任广平．模糊评价因子的熵权法赋权及其在水质评价中的应用 [J]．环境科学学报，2005，25 (4)：552 - 556.

[147] 李可任．河湖水系连通下郑州市人水关系变化及调控研究 [D]．郑州：郑州大学，2014.

[148] 陈豪．闸控河流水生态健康关键影响因子识别与和谐调控研究 [D]．郑州：郑州大学，2016.

[149] 刘思峰，谢乃明．灰色系统理论及其应用 [M]．北京：科学出版社，2008.

[150] 周玲，郭胜利，张涛，等．洪泽湖区域气候变化与水位的灰色关联度分析［J］．环境科学与技术，2012，35（2）：25-29.

[151] 左其亭．和谐论：理论·方法·应用［M］．北京：科学出版社，2012.

[152] 左其亭，李冬锋．基于模拟-优化的重污染河流闸坝群防污调控研究［J］．水利学报，2013，44（8）：979-985.

[153] 槐文信．河流海岸环境学［M］．武汉：武汉大学出版社，2006.

[154] 孙晓燕．淮河干流-鲁台子至田家庵河段一维水质模拟［D］．合肥：合肥工业大学，2007.

[155] 傅国伟．河流水质数学模型及其模拟计算［M］．北京：中国环境科学出版社，1987.

[156] Borcard D, Legendre P. All-Scale Spatial Analysis of Ecological Data by means of Principal Coordinates of Neighbour Matrices［J］. Ecological Modelling, 2002, 153, 51-68.

[157] 李冬锋，左其亭．闸坝调控对重污染河流水质水量的作用研究［J］．水电能源科学，2012，30（10）：26-29.

[158] 李冬锋．闸坝对污染河流水质水量作用分析及调控研究［D］．郑州：郑州大学，2013.

[159] 杨扬，吴晓燕，管卫兵．长江口及邻近海域枯季水质生态模拟研究［J］．海洋学研究，2012，30（3）：16-18.

[160] 米庆彬．闸控河段水质多项转化过程模拟及机理研究［D］．郑州：郑州大学，2015.

[161] 李来山，左其亭，窦明．淮河流域闸坝特征及其对水质改善作用分析［J］．水利水电技术，2011，42（6）：8-12.

[162] Lepš J, Šmilauer P. Multivariate Analysis of Ecological Data Using CANOCO［M］. Cambridge：Cambridge University Press, 2003.

[163] 左其亭．水生态文明建设几个关键问题探讨［J］．中国水利，2013（4）：1-3，6.

[164] 赵广琦，崔心红，奉树成，等．植物护坡及其生态效应研究［J］．水土保持学报，2007，21（6）：60-64.

[165] 郭英燕，李俊鹏，褚华强，等．崇明岛河道治理中的生态护坡技术［J］．生态学杂志，2012，31（2）：501-506.

图书在版编目（CIP）数据

闸控河流水生态健康评估与和谐调控研究 / 陈豪著
. —北京：中国农业出版社，2020.2
ISBN 978 - 7 - 109 - 26465 - 6

Ⅰ.①闸… Ⅱ.①陈… Ⅲ.①拦河闸－影响－河流－
水环境质量评价－研究 Ⅳ.①X824②TV66

中国版本图书馆 CIP 数据核字（2020）第 012858 号

中国农业出版社出版
地址：北京市朝阳区麦子店街 18 号楼
邮编：100125
责任编辑：闫保荣
版式设计：韩小丽　责任校对：沙凯霖
印刷：北京大汉方圆数字文化传媒有限公司
版次：2020 年 2 月第 1 版
印次：2020 年 2 月北京第 1 次印刷
发行：新华书店北京发行所
开本：700mm×1000mm　1/16
印张：11.5
字数：202 千字
定价：50.00 元
